Kurkuma

Die Wunderwurzel Kurkuma. Der Alleskönner gegen Entzündungen, Verdauungsprobleme, Diabetes, Demenz, Arthrose und vieles mehr. Inklusive vieler Rezepte zum Nachmachen.

Biohacking Academy

Inhaltsverzeichnis

Vorwort 1

Erster Abschnitt: Die gesundheitsfördernde Wirkung von Kurkuma..4

    Erstes Kapitel: Ist Kurkuma tatsächlich so gesund?................... 4

Zweites Kapitel: Die positiven Wirkungen..............................7

    2.1: Verdauungsbeschwerden 7

    2.2: Diabetes mellitus 8

    2.3: Herz-Kreislauf-Beschwerden.. 8

    2.4: Krebserkrankungen 10

    2.5: Alzheimer und Demenz 11

    2.6: Allgemeine Entzündungen... 11

    2.7: Rheuma, Arthritis und Arthrose... 12

Drittes Kapitel: Kurkuma unterstützt die Gewichtsreduktion ..15

Zweiter Abschnitt: Rezepte, Rezepte, Rezepte.......................19

Erstes Kapitel: Getränke mit Kurkuma 20

Zweites Kapitel: vegan und vegetarisch 27

Drittes Kapitel: Suppen und Soßen 41

Viertes Kapitel: Hauptgerichte mit Fleisch und Fisch 54

Fünftes Kapitel: Indische Gerichte mit Kurkuma..........66

Sechstes Kapitel: Orientalische Hauptspeisen mit Kurkuma.....73

Siebtes Kapitel: Süßspeisen für Schleckermäuler..........81

Nachwort: 87

Vorwort

Kurkuma, ein wahrer Tausendsassa. Wir kennen es als Gewürz aus der orientalischen oder indischen Küche, aber Kurkuma kann noch viel mehr: Aktuelle medizinische Forschungsergebnisse berichten von einer nicht unbeachtlichen, gesundheitsförderlichen Wirkung der ayurvedischen Heilwurzel. Ihr sekundärer Pflanzenstoff Kurkumin soll sich sogar hervorragend als natürliche Therapieergänzung bei Rheuma, Diabetes und Krebs eignen.

Kurkuma ist eng mit dem Ingwer verwandt und sieht ihm frisch gekauft auch sehr ähnlich. Allerdings ist das Innere der Kurkuma deutlich gelber als beim Ingwer. Wahrscheinlich kommt daher die Bezeichnung „Gelbwurz".

Du kannst Kurkuma frisch verwenden, in den meisten Fällen wirst du es im Handel jedoch eher als gemahlenes Pulver kaufen können. Frische Kurkuma erhältst du am ehesten in Bioläden und in wirklich gut sortierten Supermärkten.

Kurkuma stellt einen der wichtigsten Inhaltsstoffe diverser Curry-Gewürzmischungen dar. Die intensive, goldgelbe Farbe der Kurkuma, bedingt durch das enthaltene Kurkumin, macht sie zu einem beliebten, natürlichen Farbstoff sogar für Textilien.

Aufgrund ihrer vielseitigen Verwendungsmöglichkeiten wird die Kurkumawurzel bisweilen auch als „Zauberknolle" oder „Gewürz des Lebens" bezeichnet. In der ayurvedischen Medizin schon seit Jahrtausenden als Heilmittel bekannt, wird Kurkuma in Deutschland hauptsächlich in Pulverform als Gewürz verwendet.

In der Lebensmittelindustrie wird diese Substanz auf vielerlei Weise eingesetzt. Unter der Bezeichnung E 100 findet sich Kurkumin als Färbemittel zum Beispiel in Senf, Margarine und auch in Wurstwaren. Während Lebensmittelhersteller Kurkuma lediglich als Zusatz verwenden, untersucht die Wissenschaft allerdings die Wirkung auf den menschlichen Organismus zu erforschen, und wartet mit teilweise erstaunlichen Ergebnissen auf.

Kurkuma, im lateinischen Curcuma Longa genannt, wird neben der Bezeichnung Gelbwurz auch häufig als chinesische Wurzel, indischer Safran, gelber Ingwer oder Turmeric bezeichnet, je nachdem, in welchem Land man sich gerade befindet.

Die Knolle mit dem wirklich außergewöhnlichen Aroma entstammt einer bis zwei Meter großen Pflanze mit lanzettförmigen Blättern und hübschen, gelblichen Blüten. Sie gehört zur Gattung der Ingwergewächse und findet ihren Ursprung in Südostasien. Ihre Verwandtschaft zum Ingwer zeigt sich deutlich im würzigen Aroma und Geschmack, wobei Kurkuma etwas bitterer schmeckt. Heute wird Kurkuma auch in Indien, Westindien und Südamerika angebaut. Nachdem die Pflanze geerntet wurde, wird die Wurzel kurz aufgebrüht und danach draußen in der Sonne getrocknet. Durch dieses Verfahren lässt sich die äußerste Schicht später leichter entfernen.

Das Kurkumapulver hat eine intensiv gelbe Färbung und eignet sich schon allein deswegen hervorragend für Reis- und Nudelgerichte, aber auch für Suppen, Soßen und Dips. Gern würzt man auch Fisch, Meeresfrüchte, Rindfleisch, Geflügel und Eier mit Kurkuma, oder bereitet Gemüsecurrys und Chutneys damit zu. In den Ursprungsländern ist Kurkuma die Grundlage sämtlicher Currygerichte. Bei der Handhabung ist etwas Vorsicht geboten, da das Pulver überall gelbe Spuren hinterlässt, die bisweilen etwas schwerer zu entfernen sind.

Bei der richtigen Lagerung, kühl, trocken und dunkel, hält sich Kurkuma recht gut und behält auch über lange Zeit sein unverwechselbares Aroma. Wird sie zu lang gelagert, erhält sie jedoch einen deutlich senfartigen Geschmack.

Speisen sollten sparsam mit Kurkuma gewürzt werden, da sich Geschmack und Farbe in Verbindung mit anderen Lebensmitteln noch etwas verstärken. Insbesondere dem europäischen Gaumen kann der Geschmack sonst zu dominant erscheinen.

In der Naturheilkunde wird Kurkuma häufig gegen Magen- und Nierenbeschwerden verwendet beziehungsweise auch bei Gallensteinen und -entzündungen eingesetzt.

Kurkuma ist im Handel nicht nur als Gewürz, sondern auch als Nahrungsergänzungsmittel erhältlich. Ich hingegen favorisiere eher die gesundheitsförderliche Wirkung nicht als Pille nebenbei, sondern zusammen mit der täglichen Nahrung aufzunehmen. So profitiert nicht nur die Gesundheit, sondern auch der Gaumen.

Erster Abschnitt: Die gesundheitsfördernde Wirkung von Kurkuma

Erstes Kapitel: Ist Kurkuma tatsächlich so gesund?

Es gibt kaum ein Curry-Gericht, das ohne den Geschmack und die intensiv gelbe Farbe von Kurkuma auskommt. Doch diese Wurzel ist mittlerweile nicht nur für Köche und Curry-Liebhaber interessant, sondern auch für Mediziner.

Wie bei vielen anderen Gewürzen auch wurde die Wirkung auf verschiedene Erkrankungen zumindest hierzulande eigentlich zufällig und ganz nebenbei entdeckt. Mit einer verstärkten Verbreitung der Naturheilkunde und somit auch der ayurvedischen Heilkunst wird Kurkuma heute zunehmend als unterstützendes Mittel für unterschiedliche Beschwerden, insbesondere als entzündungshemmende Substanz, eingesetzt.

Seit einigen Jahren gewinnt Kurkuma jedoch auch in der Forschung und somit in der Schulmedizin zunehmend an Bedeutung, wobei ein positiver Effekt auch auf schwere Erkrankungen wie Krebs, Alzheimer und Diabetes mittlerweile nicht mehr abgestritten wird. Der Grund liegt in der Tatsache, dass Kurkumin eine antioxidative, antibakterielle und antivirale Wirkung entfaltet. Damit stellt es das ideale, weil natürliche Mittel gegen freie Radikale dar. Es stärkt das Immunsystem und kann dadurch eine Zellheilung und eine allgemeine Stärkung des gesamten Organismus beschleunigen. Daher geht die Forschung derzeit davon aus, dass diverse Volkskrankheiten gut behandelbar sein können und sogar deren Entstehung wirkungsvoll vorgebeugt werden kann, wenn regelmäßig Kurkuma verzehrt wird.

Kurkuma

Bei der Anwendung kann man nicht viel falsch machen, trotzdem sind einige Dinge zu beachten, da vereinzelt Nebenwirkungen beobachtet wurden, insbesondere dann, wenn Kurkuma über einen sehr langen Zeitraum und in einer viel zu hohen Dosis eingenommen wurde. Eine Vergiftung droht natürlich in keinem Fall, aber wer solche Nebenwirkungen bei sich feststellt, sollte die Dosis verringern oder mit der Einnahme für mehrere Wochen pausieren. Danach sollten die Nebenwirkungen verschwunden sein.

Die häufigsten Nebenwirkungen im Zusammenhang mit einer Einnahme von Kurkuma beziehen sich auf den Magen-Darm-Trakt. Insbesondere bei empfindlichen Schleimhäuten kann es vereinzelt zu Durchfall, Bauch- oder Magenschmerzen kommen.

Patienten mit schweren Lebererkrankungen, wie zum Beispiel akuten Leberentzündungen, Entzündungen der Gallenblase oder Gallensteinen sollten Kurkuma lediglich als Gewürz, nicht aber als Nahrungsergänzungsmittel zu sich nehmen. Oder als Nahrungsergänzungsmittel in zu hoher Dosierung vorübergehend nicht anwenden. Schwangere und stillende Mütter sowie Kleinkinder sollten auf Kurkuma besser verzichten, da es in diesen Bereichen bislang noch keine Forschungsergebnisse zur Wirkung gibt.

Bei der Einnahme als Nahrungsergänzungsmittel sollte zur Vorsicht immer vorher ein Arzt konsultiert werden, da es wesentlich konzentriertere Wirkstoffe enthält, als wenn man es als Gewürz verwendet. Eine Überdosierung ist auf jeden Fall zu vermeiden. Die Grenze liegt hier bei 8 – 12 Gramm täglich, also schon eine ordentliche Menge. Und wie gesagt, diese Warnhinweise gelten lediglich für kurkuminhaltige Nahrungsergänzungsmittel.

Bei einer akuten Magenschleimhautentzündung, einer Gastritis, oder einem Magengeschwür sollte Kurkuma ebenfalls sehr vorsichtig eingesetzt werden. Gelegentlich wurde bei der Einnahme von kurkuminhaltigen Nahrungsergänzungsmitteln eine Wechselwirkung mit Blutgerinnungshemmern beobachtet. Dies gilt allerdings nicht, wenn Kurkuma lediglich als Gewürz verwendet wird.

Die genannten Neben- und Wechselwirkungen treten in der Praxis sehr selten auf, müssen jedoch aufgeführt werden, wenn Kurkuma als Nahrungsergänzungsmittel eingenommen wird. Wer es lediglich als Gewürz verwendet, muss sich hingegen überhaupt keine Sorgen machen, sondern kann bedenkenlos von den nun folgenden gesundheitsfördernden Aspekten profitieren.

Zweites Kapitel: Die positiven Wirkungen

2.1: Verdauungsbeschwerden

Zumindest die theoretische Forschung besagt, dass Kurkuma eine entzündungshemmende Wirkung entfaltet. Einige Studien gehen bereits so weit, zu sagen, dass Kurkumaextrakt in einer hohen Dosierung sogar bei einer Colitis Ulcerosa hilfreich sein kann. Dieses Ergebnis ist jedoch noch nicht endgültig wissenschaftlich bestätigt, da bislang nur kleinere Studien durchgeführt wurden, die durch eine größer angelegte Studie letztendlich noch verifiziert werden müssten, um eine allgemeine Gültigkeit zu erhalten.

Klingt zu schön, um wahr zu sein, und die Ergebnisse der bislang durchgeführten Forschungen sind noch mit Vorsicht zu genießen. Bisher konnten die Wirkungen lediglich im Labor und bei Tierversuchen nachgewiesen werden. Ob der Effekt beim menschlichen Körper derselbe ist, bleibt noch abzuwarten.

Unbestritten ist jedoch, dass Kurkuma sich verdauungsfördernd auswirkt. Die enthaltenen Stoffe unterstützen die Leber bei ihrer Arbeit mehr Gallensäure zu produzieren und machen aufgenommenes Fett gleichzeitig leichter verdaulich. Ein unangenehmes Völlegefühl sowie Blähungen werden dadurch minimiert.

Ob man mit Currypulver, in dem ja Kurkuma enthalten ist, einen ähnlichen Effekt erzielen kann, ist ebenfalls noch nicht vollständig geklärt. Immerhin gelangt das Gewürz zusammen mit den Nahrungsfetten in den Verdauungstrakt, was die Aufnahme des enthaltenen Kurkumins auf jeden Fall begünstigen könnte. Es ist also durchaus möglich, dass auch weitere Gewürze die Aufnahme und damit auch die Wirkung von Kurkuma begünstigen können. Dies ist beispielsweise bei schwarzem Pfeffer bereits nachgewiesen und durchaus der Fall.

Das in Kurkuma enthaltene Kurkumin regt bestimmte Zellen in der Magenschleimhaut und der Bauchspeicheldrüse vermehrt dazu an, Verdauungsenzyme zu produzieren. Dadurch wird der menschliche Organismus in die Lage versetzt, das in der Nahrung enthaltene Fett in Fettsäuren aufzuspalten, die in der Folge über den Dünndarm aufgenommen werden können. Da Kurkumin selbst aber nicht wasserlöslich ist, besteht die Gefahr, dass es den Verdauungstrakt einfach nur passiert und ohne Wirkung wieder ausgeschieden wird. Das ist der Grund, warum man Kurkuma mit schwarzem Pfeffer kombinieren sollte. Auch ein gutes Olivenöl verstärkt die gesundheitsfördernde Wirkung der Kurkuma, und zwar aufgrund der enthaltenen Omega-3-Fettsäuren.

2.2: Diabetes mellitus

Hierbei handelt es sich mittlerweile um eine Volkskrankheit, die sich in zwei Typen unterteilen lässt. Typ 1 ist eine angeborene Erkrankung, die nicht heilbar ist, und bei der eine lebenslange Substitution mit Insulin erforderlich ist. Der weitaus häufiger verbreitete Typ 2 ist ausschließlich durch eine falsche Ernährung bedingt. Bei rechtzeitiger Entdeckung und Umstellung der Lebens- und Ernährungsgewohnheiten ist er recht gut behandelbar. Die neuesten wissenschaftlichen Erkenntnisse machen Patienten durchaus Hoffnung, da Kurkumin den Blutzuckerspiegel nicht nur regulieren, sondern auch senken kann. Aktuelle Studien schreiben der ayurvedischen Knolle darüber hinaus sogar eine präventive Wirkung zu, sodass die Entstehung von Diabetes bei regelmäßigem Verzehr tatsächlich verhindert werden könnte.

2.3: Herz-Kreislauf-Beschwerden

Auch Herz- und Kreislauferkrankungen zählen heute zu den sogenannten Volkskrankheiten. Häufig durch eine falsche Ernährung bedingt droht ein plötzlicher Herztod oder akute Erkrankungen des allgemeinen Koronarsystems, die ebenfalls nicht selten tödlich verlaufen.

Ursache derartiger Erkrankungen ist in der Regel ein erhöhter Cholesterinspiegel, der neben einer falschen Ernährungsweise durch Bewegungsmangel und andauernde Stresssituationen bedingt ist. Nicht nur zu viel Kohlehydrate oder Fett in der Nahrung, aber auch verschiedene Medikamente, ein Vitamin-C-Mangel, genetische Dispositionen sowie ein Gendefekt können dazu führen, dass der Cholesterinspiegel in einen gefährlichen Bereich gerät.

Neueste Studien zeigen auf, dass der sekundäre Pflanzenstoff Kurkumin nicht nur eine positive Wirkung auf das Immunsystem hat, sondern auch den Cholesterinspiegel positiv beeinflussen kann.

Durch die antioxidative Wirkung kann Kurkuma selbst bei bereits erhöhtem Cholesteringehalt das Arterioskleroserisiko senken.

Bei diesen Studien wurde zwei Gruppen von Tieren ein fettreiches Futter verabreicht. Bei einer Gruppe wurde Kurkumin zugesetzt. Die Gruppe, die Kurkumin erhalten hatte, wies nach dieser Mahlzeit einen um 20 % niedrigeren Cholesterinspiegel aus, als die andere Gruppe. In weiteren klinischen Studien ergaben sich Hinweise darauf, dass Kurkumin den Anteil des schlechten LDL-Cholesterins senkt, und den Spiegel des guten HDL-Cholesterins anhebt.

Entscheidend für die Verminderung des Risikos auf Arteriosklerose sind die Eigenschaften des HDL-Cholesterins. Je effektiver dieses in seiner Wirkung ist, desto geringer die Wahrscheinlichkeit einer Erkrankung. Kurkumin wirkt antioxidativ, antientzündlich sowie antiglykosidisch und kann somit die Effizienz des HDL-Cholesterins entscheidend verbessern.

Leider wird Kurkumin vom menschlichen Körper nicht besonders gut aufgenommen. Hohe Dosen müssen verabreicht werden, damit ein tatsächlich messbares Ergebnis erzielt wird. Aber allein die Tatsache, dass sich die Wissenschaft intensiv mit Kurkumin beschäftigt, lässt den Schluss zu, dass dieses Problem in naher Zukunft behoben sein wird und auch kleinere Mengen ausreichen, um gut verstoffwechselt zu werden, und die gewünschte Wirkung zu entfalten.

Zusammenfassend kann man feststellen, dass Kurkumin, das als der gelbe Farbstoff der Kurkumapflanze bekannt ist, dem zufolge das LDL-Cholesterin senken und sowohl den Triglyceridgehalt als auch das gute HDL-Cholesterin steigern kann. Folglich kann die regelmäßige Einnahme von Kurkuma wie eine unterstützende Prävention und zugleich Therapie bei Gefäßerkrankungen wirken. Heutige Studien konzentrieren sich zunehmend auf die Erforschung der Kurkumaknolle und auf die optimale Darreichungsform des Kurkumins.

2.4: Krebserkrankungen

Krebs ist heute die Todesursache Nr. 1. Rund 500.000 Menschen erkranken deutschlandweit an einer der unterschiedlichen Krebsarten, so bezeichnen es zumindest statistische Erhebungen. Trotz einer fieberhaften Forschung ist es auch nach mehr als hundert Jahren nicht gelungen, ein Heilmittel für Krebs zu finden, sodass der Verlauf fast immer noch tödlich verläuft. Da es anscheinend sehr schwierig ist, ein wirkungsvolles Medikament zu entwickeln, konzentrieren sich einige Wissenschaftszweige auf die Erforschung geeigneter Präventionsmaßnahmen, um das Risiko einer Erkrankung von vornherein so gering, wie möglich zu halten. Hier ist seit geraumer Zeit die Kurkumaknolle in den Fokus der Mediziner und Wissenschaftler gerückt.

Der sekundäre Pflanzenstoff Kurkumin, der auch für die intensiv gelborange Farbe verantwortlich ist, scheint tatsächlich Eigenschaften zu haben, die ein Tumorwachstum zumindest eindämmen können. Diese Wirkung ist in seinem Herkunftsland Indien seit Jahrhunderten bekannt, und statistisch gesehen erkranken dort wesentlich weniger Menschen an einer der Krebsarten, als in Europa oder Amerika. Einer der deutlichen Hinweise, der auch hierzulande Hoffnung gibt. In Labortests konnte bereits nachgewiesen werden, dass Kurkuma durch seinen immun stimulierenden Effekt eine notwendige Chemotherapie wirkungsvoll unterstützen kann, und damit die Entstehung neuer Tumorzellen eindämmt. Diese Tatsache konnte bei nahezu allen Krebsarten beobachtet werden, wodurch Kurkuma heute nicht nur als Gewürz, sondern als Heilpflanze eingestuft wird.

2.5: Alzheimer und Demenz

Durch den medizinischen Fortschritt werden wir Menschen immer älter. Dadurch bedingt stellen uns Erkrankungen, die noch vor hundert Jahren undenkbar waren, vor große Probleme. Eine dieser altersbedingten Erkrankungen ist die Alzheimererkrankung, die häufigste Form der Demenz. Sie tritt vorwiegend bei Patienten ab ungefähr dem 60. Lebensjahr auf und korrespondiert mit der Abnahme der geistigen Leistungsfähigkeit. Die genauen Ursachen für die Entstehung von Alzheimer sind bis heute noch nicht eindeutig festgestellt. Die Forschung geht jedoch davon aus, dass die Risikofaktoren bereits lange vor Ausbruch der Krankheit einen zunächst kaum festzustellenden Schaden an den Nervenzellen des Gehirns verursachen.

Bei Alzheimer kommt es zu chronischen Entzündungen, bedingt durch oxidativen Stress. Dadurch bauen sich die Nervenzellen im Gehirn schleichend ab, weswegen sich die Medizin derzeit auf die Prävention dieser Prozesse konzentriert. Auch hier wurde festgestellt, dass in Asien, wo Kurkuma tagtäglich verzehrt wird, vergleichsweise wenig Personen an Alzheimer erkranken. Neuesten Forschungen zufolge soll sich das enthaltene Kurkumin positiv auf Nervenzellen im Gehirn auswirken und helfen, sie vor Angriffen freier Radikale zu schützen.

2.6: Allgemeine Entzündungen

Viele Entzündungen, die sich im Laufe der Zeit im Körper bilden, nehmen wir kaum oder gar nicht wahr, da ein gesunder Körper mit intaktem Immunsystem selbstständig mit ihnen fertig wird. Der menschliche Körper verfügt über ein gut eingespieltes System von Selbstheilungskräften und ist daher in der Lage, viele Entzündungen direkt einzudämmen, und mithilfe von gesunden neuen Zellen Schlimmeres zu verhindern. Ist das Immunsystem jedoch geschwächt oder liegt eine schwere Infektion vor, stoßen diese Selbstheilungskräfte an ihre Grenzen und es besteht die Gefahr, dass die Entzündungsprozesse chronisch werden. Auch hier scheint Kurkuma positiv unterstützen zu können. Aktuelle medizinische Forschungen zur Schmerzlinderung, zum Beispiel bei Gelenkentzündungen, unterstützen die These, dass Kurkumin die Entzündungsherde wirkungsvoll minimieren kann. Entzündungswege werden blockiert, und Schwellungen und Schmerzen reduziert.

2.7: Rheuma, Arthritis und Arthrose

Rheuma stellt im Gegensatz zu Alzheimer oder Demenz keine altersbedingte Krankheit dar. Immer mehr jüngere Menschen erkranken daran, wobei es über einhundert rheumatische Erkrankungen gibt, die mit Gelenk-, Knochen- oder Muskelbeschwerden beziehungsweise -schmerzen einhergehen. Sie kann sowohl ältere als auch jüngere Menschen treffen. Die bekanntesten Rheumaformen stellen Arthrose, Gicht oder Fibromyalgie dar. Alle Formen sind durch Entzündungsprozesse im menschlichen Körper bedingt und verursachen meist unerträgliche Schmerzen. Die medizinische Forschung arbeitet fieberhaft daran, durch geeignete Mittel die Entzündungsherde einzudämmen und im besten Fall sogar ein präventives Mittel zu finden, um rheumatischen Erkrankungen insgesamt vorzubeugen.

Bekannt ist mittlerweile, dass freie Radikale ein großes Risiko für eine Erkrankung darstellen und mit Antioxidantien zukünftigem Schaden an unterschiedlichen Zellen möglicherweise vorgebeugt werden kann. Auch hier tritt Kurkumin in den Fokus der Mediziner. Da Kurkumin nicht nur eine antioxidative, sondern auch eine antibakterielle sowie antivirale Wirkung entfaltet, scheint ein Einsatz einen entscheidenden

Kurkuma

Schritt zur Lösung beitragen zu können, da Kurkumin als wirkungsvoller Zellschutz gilt.

Eine im Jahr 2012 durchgeführte Studie indischer Mediziner unterstützt diese These. An dieser Studie nahmen 45 Personen mit rheumatoider Arthritis teil, die in drei Gruppen von je 15 Personen eingeteilt und miteinander verglichen wurden. Dabei wurden einer Gruppe täglich 500 mg Kurkumin, der Zweiten ein herkömmlicher Entzündungshemmer und der Dritten eine Kombination aus beidem verabreicht. Tatsächlich zeigte sich bei der Gruppe, die mit hoch dosiertem Kurkumin behandelt wurde, die beste Heilwirkung. Neben der entzündungshemmenden Wirkung linderte Kurkumin bei den betreffenden Personen die Schmerzen erheblich und sorgte für eine bessere Beweglichkeit der Gelenke. Im Rahmen einer weiteren Studie mit 1.000 von Arthrose betroffenen Patienten wurden zwei Gruppen gebildet. Die erste Gruppe wurde schulmedizinisch nach den neuesten Erkenntnissen behandelt, der zweiten Gruppe verabreichte man zusätzlich dazu noch täglich 200 Milligramm Kurkumin.

Am Ende der Studie zeigten sich bei der zweiten Patientengruppe wesentliche Verbesserungen der klinischen Symptome. Beide Studien zeigen demnach auf, dass Kurkumin eine hervorragende Alternative zu nicht-steroidalen Medikamenten darstellt. Diese Entzündungshemmer ziehen insbesondere bei längerer Einnahme teils schwerwiegende Nebenwirkungen, wie Probleme im Bereich des Herz-Kreislauf-Systems, der Nieren oder des Magen-Darm-Traktes nach sich. Kurkumin hingegen entfaltet so gut wie keine Nebenwirkungen, wirkt aber ebenso zuverlässig gegen Entzündungsherde.

Besonders gut erforscht ist die Behandlung einer Arthrose des Kniegelenkes mit Kurkuma. In verschiedenen wissenschaftlichen Studien wurde eine signifikante Wirkung nachgewiesen, die mit denen der bislang bei Arthrose eingesetzten Medikamente, durchaus zu vergleichen sind. Der Vorteil des Kurkumins ist auch hier, dass es so gut wie keine Nebenwirkungen nach sich zieht, auch bei einer längeren Anwendung nicht. Die positive Wirkung von Kurkumin wurde in einer wissenschaftlichen Studie, an der Patienten mit einer mittelschweren Kniearthrose teilnahmen, nachgewiesen. In zwei Gruppen eingeteilt, bekam die erste Gruppe täglich 1.500 Milligramm Kurkumin, die andere Gruppe jedoch ein Placebo.

Innerhalb von sechs Wochen hatte sich bei der ersten Gruppe die Beweglichkeit der Gelenke wesentlich verbessert, auch die Schmerzen hatten sich verringert. In der Gruppe, die das Placebo erhalten hatten, ergaben sich keinerlei Verbesserungen. In einer weiteren Studie wurde an 367 Patienten die Wirkung von Kurkumin mit der von Ibuprofen verglichen. Sowohl das hoch dosierte Kurkumin als auch das Ibuprofen zeigten eine gute Wirkung sowohl gegen die Schmerzen als auch auf die bessere Beweglichkeit des betroffenen Gelenkes. Allerdings klagten die Patienten, die das Ibuprofen erhalten hatten, über Beschwerden innerhalb des Magen-Darm-Traktes.

Die vorstehenden Ergebnisse zeigen deutlich auf, dass das in Kurkuma enthaltene Kurkumin bei vielen Erkrankungen eine natürliche, aber wirkungsvolle Hilfestellung leisten kann. Trotzdem solltest du nicht an deinem eigenen Körper herumexperimentieren, sondern den Rat eines Experten einholen. Mittlerweile setzt auch die Schulmedizin vermehrt Kurkumin für die Behandlung ein, aber ein in der ayurvedischen Medizin ausgebildeter Naturheilkundler kann dir aufgrund seiner Vorbildung und Erfahrung sicherlich über Wirkung und Dosierung von Kurkumin eine fundierte Auskunft geben.

Im nachfolgenden Rezeptteil möchte ich dir erste Anregungen geben, wie du Kurkuma in deinen Alltag einbauen kannst, sowohl in Getränken als auch in Speisen. Diese Rezepte sind für ansonsten gesunde Menschen geeignet. Leidest du bereits an einer der oben genannten Erkrankungen, solltest du dir unbedingt einen fachkundigen Rat holen.

Drittes Kapitel: Kurkuma unterstützt die Gewichtsreduktion

In der heutigen Wohlstandsgesellschaft leiden immer mehr Menschen an Übergewicht. Diese zusätzlichen Pfunde gelten aber bei Weitem nicht nur als optisches Problem. Sie bergen ein nicht zu unterschätzendes Risiko für die allgemeine Gesundheit, weswegen man auf ein im Normbereich liegendes Gewicht achten sollte. Für Personen mit Übergewicht oder gar Adipositas spielt eine Gewichtsreduktion daher eine entscheidende Rolle. Leider ist das nicht ganz so einfach. Die schlechte Nachricht zuerst: Auch Kurkuma ist kein Wundermittel, mit dem man über Nacht unzählige Kilos verlieren kann. Jetzt die gute Nachricht: Kurkuma, kombiniert mit Bewegung und gesunder Ernährung kann im Rahmen einer Diät sehr wohl unterstützend wirken. Kurkuma verbessert die Verdauung, kann der Einlagerung von Fettdepots vorbeugen und wirkt allgemein präventiv gegen Erkrankungen, die sich negativ auf den Stoffwechsel auswirken können.

Für Übergewicht gibt es sehr viele Gründe.

Alarmierend ist jedoch, dass mittlerweile 50 % der Erwachsenen in Deutschland tatsächlich übergewichtig sind. Ein Viertel davon weist bereits ein Übergewicht im krankhaften Bereich auf. Bei den Jugendlichen sind es immerhin schon 15 Prozent, die zu viel auf die Waage bringen. Schlechte Ernährung und zu viele Stunden am PC, zu viele kalorienhaltige Getränke sowie Speisen fördern dieses Übergewicht noch weiter, und durch leere Kohlenhydrate gerät nicht nur der Blutzuckerspiegel komplett außer Kontrolle, was die Entstehung von Diabetes begünstigt.

Die sogenannten kurzkettigen, leeren Kohlehydrate machen darüber hinaus kaum satt und es werden zu viele Mahlzeiten eingelegt.

Langkettige, gesunde Kohlehydrate halten dagegen lange satt und geben dem Körper Zeit, das Aufgenommene auch zu verarbeiten. Der Blutzuckerspiegel erhöht sich wesentlich langsamer, Heißhungerattacken bleiben aus. Langkettige Kohlehydrate findest du vor allem in Vollkorngetreide, Obst, Gemüse, Hülsenfrüchten und Kartoffeln. Übergewicht entsteht letztendlich immer dann, wenn Kalorienzufuhr und -verbrauch sich nicht im Gleichgewicht befinden. Zunächst einmal verbraucht der Körper den sogenannten Grundumsatz, also die Kalorien, die er zwingend für die Aufrechterhaltung aller Körperfunktionen benötigt.

Außerdem werden Kalorien bei jeder Form von Bewegung verbrannt. Diesen Anteil nennt man Leistungsumsatz. Aber hiermit ist nicht nur Sport gemeint. Auch alltägliche Bewegung, das Umherlaufen in der Wohnung, selbst das Zähneputzen schlägt sich positiv auf die Energiebilanz nieder. Übergewicht entsteht immer dann, wenn mehr Kalorien aufgenommen, als verbraucht werden. Diese zusätzlichen Kalorien speichert der Körper in den Fettzellen. Ein genetisch bedingtes Programm, welches dem Menschen ursprünglich helfen sollte, Zeiten von Hunger zu überstehen. Da wir heute aber Gott sei Dank zumindest in der westlichen Welt keine Hungersnöte durchmachen müssen, wird die Einlagerung des überschüssigen Fettes mehr und mehr zu einer gesundheitlichen Belastung.

Manchmal steckt jedoch auch eine ernsthafte Erkrankung hinter dem Übergewicht, zum Beispiel eine Schilddrüsenunterfunktion. Die Schilddrüse spielt eine übergeordnete Rolle in Bezug auf unseren Stoffwechsel, und bei einer Funktionsbeeinträchtigung verlangsamt sich der Stoffwechsel enorm. Auch bei einer gesunden Ernährung nehmen die Betroffenen dabei ständig zu. Eine andere weitverbreitete Erkrankung, die man heute für Übergewicht verantwortlich macht, ist die Insulinresistenz. Insulin wird ausgeschüttet, sobald der Blutzuckerspiegel steigt. Dadurch können die Zellen den Zucker aufnehmen und verarbeiten. Wenn aber mehr Zucker als notwendig im Körper vorhanden ist, werden die Fettzellen aktiv und wandeln den Zucker in Fett um.

Kurkuma

Das Insulin dockt an den Fettzellen an, und hindert sie, Fett ins Blut abzugeben. Die Zellen werden mit der Zeit unempfindlicher gegen Insulin, was als Insulinresistenz bezeichnet wird. Der Insulinspiegel steigt immer weiter und erschwert dadurch nachhaltig eine Gewichtsabnahme.

Kurkuma kann dabei einen positiven Beitrag leisten. Es beugt chronischen Erkrankungen, die Übergewicht verursachen, vor, und zwar vornehmlich durch seine entzündungshemmende Wirkung. Insbesondere das als gefährlich eingestufte Bauchfett verursacht eine Vielzahl von Entzündungen, die zunächst unbemerkt für uns vonstattengehen. Diabetes, Arthritis oder Herzbeschwerden sind die Folgen, die immer mit einer Beeinflussung des Stoffwechsels zu tun haben. Kurkuma kann diversen Entzündungen vorbeugen und somit auch chronische Erkrankungen verhindern helfen.

Das in Kurkuma enthaltene Kurkumin entfaltet also einerseits eine stoffwechselanregende Wirkung und kann daher eine Gewichtsabnahme sinnvoll unterstützen. Andererseits regt es die Produktion von Magensaft an, und verhindert damit die Entstehung eines Völlegefühls.

Außerdem wird die Verdauung beschleunigt. Durch die enthaltenen Bitterstoffe der Kurkuma sinkt das Verlangen nach Süßigkeiten und es wird vermehrt Gallensaft produziert, der wiederum die Fettverdauung begünstigt. Dadurch kann der Körper mehr Fett ausscheiden und muss es nicht an den bekannten, unliebsamen Stellen einlagern. Es gibt sogar Studien, die belegen, dass Kurkuma bereits angelegte Fettzellen zerstören kann. Diese Studien wurden bislang an Mäusen erprobt. Sie erhielten über drei Monate eine besonders fettreiche Nahrung und diejenigen, die zusätzlich Kurkumin erhielten, nahmen wesentlich weniger an Gewicht zu, als ihre Artgenossen, denen kein Kurkumin gefüttert wurde. Außerdem sank bei den „Kurkumin-Mäusen" der Blutzuckerspiegel, was sich auch bei Menschen positiv gegen ein Heißhungergefühl auswirkt.

Eine ähnliche Studie, die mit Ratten durchgeführt wurde, ergab, dass die Durchblutung der Fettzellen durch Kurkumin verringert wurde und einem Wachstum dadurch entgegengewirkt wurde. Dadurch konnte das Körpergewicht im Vergleich zu den normal ernährten Tieren allein durch die Gabe von Kurkumin um 5 % reduziert werden.

Diese Studien basieren jedoch auf einen Kurkuminanteil, den man tatsächlich mit einem Gewürz nicht erreichen kann, es sei denn, man möchte täglich mehrere Teelöffel zu sich nehmen. Da Kurkuma vom Körper schnell verstoffwechselt und wieder ausgeschieden wird, müsste man den kompletten Tag über immer wieder Kurkumapulver zuführen. Zur Gewichtsreduzierung ist daher ein Nahrungsergänzungsmittel wesentlich einfacher in der Anwendung. Zu beachten ist, dass man zu einem hoch dosierten Produkt greift, welches mit Piperin, einem Bestandteil des schwarzen Pfeffers, angereichert ist, um einen größtmöglichen Effekt zu erzielen. Zu den Hauptmahlzeiten eingenommen, wird außerdem eine regelmäßige Einnahme wesentlich erleichtert.

Diese Ergebnisse diverser Studien könnten für übergewichtige Personen eine unterstützende Maßnahme zu einer ansonsten gesunden Ernährungsweise, kombiniert mit vermehrter Bewegung darstellen. Denn das darf man auch bei Kurkumin nicht vergessen: Es ist keine Zauberpille, die über Nacht schlank macht. Eine Umstellung der Ernährung und die Erhöhung des Bewegungslevels sind in jedem Fall notwendig. Als Unterstützung sowie Beschleunigung des Stoffwechsels erzielt es aber dennoch sichtbare Erfolge. Wer darüber hinaus noch seine Speisen mit Kurkuma würzt, verstärkt diesen Effekt noch weiter.

Anders als bei anderen, synthetisch hergestellten Präparaten zur Gewichtsreduzierung, hat Kurkuma für ansonsten gesunde Menschen keinerlei Nebenwirkungen. Eine Überdosierung ist praktisch ausgeschlossen.

Zweiter Abschnitt: Rezepte, Rezepte, Rezepte

Kurkuma steht schon vergleichsweise lange im Gewürzregal unserer Küche. Nur wurde es bislang lediglich als Gewürz verwendet, ohne auch nur eine Ahnung von seiner gesundheitsfördernden Wirkung zu haben. Kurkuma ist häufig in Curry-Würzmischungen, Asia-Würzmischungen oder Kräutergewürzsalz-Mischungen enthalten. Obwohl Kurkuma selbstverständlich auch weiterhin als klassisches Gewürz verwendet werden kann, geht es bei der Nutzung von Kurkuma heute bereits um viel mehr. Mit Kurkuma streust du nicht nur ein Gewürz, sondern ein effektives, gesundheitsförderndes Mittel in deine Speisen.

Der gesundheitsfördernde Effekt wird spätestens dann deutlich, wenn Kurkuma Getränken zugesetzt wird. Der Handel wirbt mit Begriffen wie „immunstärkend" oder „Fitnessbooster". Gemeint ist die immun stärkende und den Stoffwechsel anregende Wirkung von Kurkuma. Du solltest, zumindest zu Beginn, die Rezepte genau einhalten. Mit der Zeit wirst du sicherlich im Umgang mit Kurkuma geübter sein und seine Wirkung auf deinen Körper erkennen. Dann kannst du deiner Kreativität freien Lauf lassen.

Erstes Kapitel: Getränke mit Kurkuma

Mit Kurkuma kann man nicht nur viele leckere und gesunde Speisen zubereiten, sondern auch entsprechenden Getränken einen unvergleichlichen Geschmack verleihen. Eine einfachere und preiswertere Möglichkeit, deiner Gesundheit etwas Gutes zu tun, wirst du nicht finden.

Kurkuma Power Drink

Man nehme für eine Person:

120 Milliliter naturtrüber Apfelsaft

2 Esslöffel Honig

100 Gramm Joghurt mit 3,5 % Fettanteil

½ Teelöffel Kurkumapulver

1 Prise schwarzer Pfeffer

Und so wird es gemacht:

Alle Zutaten in einen Mixer geben und auf höchster Stufe mixen, fertig. Nur noch genießen und Energie für den Tag tanken.

Morgenstund hat Gold im Mund

Man nehme für zwei Personen:

4 Orangen

1 Banane

150 Gramm Ananas

Kurkuma

½ Teelöffel Kurkuma

½ Teelöffel frisch geriebener Ingwer

nach Belieben: Crushed Ice

Und so wird es gemacht:

Die vier Orangen halbieren, auspressen und den Saft in einen Mixbecher füllen. Die Banane schälen, in kleine Stücke zerteilen und zu dem Orangensaft in den Mixbecher geben. Das Kurkumapulver und den geriebenen Ingwer hinzugeben und entweder mit dem Pürierstab oder im Standmixer fein pürieren. Das Crushed Ice in Gläser füllen, mit dem Trank angießen und kalt genießen. Dieser Trank macht wach und fit für den Tag.

Orangen-/Ananas-/Gemüse-Smoothie

Man nehme für 2 Personen:

500 Gramm Orangen

2 kleine Ananas

20 Gramm Ingwer

10 Gramm Kurkumawurzel

1 Kopf Chicorée

300 Milliliter Mineralwasser

Ahornsirup zum Süßen

Und so wird es gemacht:

Die Orangen halbieren und auspressen. Die Ananas schälen und im Entsafter entsaften.

Ingwer und Kurkuma schälen, sehr fein hacken. Den Chicorée grob schneiden.

Orangensaft, Ananassaft, Chicorée, Ingwer und Kurkuma mit dem Mineralwasser zusammen in einen Mixer geben, auf höchster Stufe sehr fein mixen und je nach Geschmack mit Ahornsirup süßen.

Mango Smoothie

Man nehme für zwei Personen:

250 Milliliter Kokosmilch

1 reife Mango

1 Esslöffel Kokosöl

1 Teelöffel geriebener Ingwer

1 Teelöffel Kurkumapulver

1 Orange

je nach Geschmack Ahornsirup zum Süßen

ein paar Safranfäden für die Verzierung

Und so wird es gemacht:

Die Mango halbieren und den Kern entfernen. Das Fruchtfleisch herauslösen und in Würfel schneiden. Alle Zutaten mit den Mangostücken in einen Mixer geben und pürieren.

Das Getränk auf zwei Gläser verteilen, nach Belieben süßen und mit den Safranfäden verzieren.

Obst-Gemüse-Smoothie

Kurkuma

Man nehme für eine Person:

eine große Handvoll grünes Blattgemüse, zum Beispiel Spinat, Grünkohl oder Wirsing

1 Banane

1 Tasse ungesüßtes Kokoswasser

2 Esslöffel weisses Mandelmus

1 Esslöffel Leinöl

1 Prise Zimt

½ Teelöffel Kurkumapulver

Und so wird es gemacht:

Die Banane bereits einige Zeit vorher schälen, in Stücke schneiden und in den Tiefkühler geben, bis sie gut durchgefroren ist. Das Blattgemüse in grobe Stücke zerteilen. Und nun alle Zutaten einfach zusammen in einen Mixer geben und auf höchster Stufe zu einem feinen Smoothie pürieren.

Selbst gemachter Möhrensaft

Man nehme für vier Personen:

500 Gramm Möhren

4 frische Wurzeln Kurkuma

Und so wird es gemacht:

Die Möhren und die Kurkumawurzeln waschen, schälen und in einem Entsafter entsaften. Fertig ist ein leckeres, gesundes Frühstücksgetränk.

Die goldene Kurkumamilch

Die goldene Milch ist DAS Trendgetränk überhaupt und wird häufig morgens als Kaffee-Ersatz getrunken. Eine echte Alternative, die auf gesunde Art und Weise fit und wach macht. Ein Energiebooster für den gesamten Tag.

Man nehme für zwei Personen:

1 Esslöffel Kurkuma

120 Milliliter Wasser, ohne Kohlensäure

ungefähr 1 Zentimeter Ingwer

frisch geriebene Muskatnuss

1 Esslöffel Honig

1 Teelöffel Zimt

1 Teelöffel Kokosöl

350 Milliliter Mandelmilch

Und so wird es gemacht:

Das Kurkumapulver zusammen mit dem Wasser in einen Topf geben und unter ständigem Rühren erhitzen.

Den Ingwer schälen, fein reiben und mit der geriebenen Muskatnuss hinzugeben.

Das Ganze lange köcheln lassen, bis eine sämige Paste entstanden ist.

In einem zweiten Topf die Mandelmilch erhitzen und diese Paste hineinrühren.

Honig, Zimt und Kokosöl zufügen und noch zwei weitere Minuten köcheln lassen.

Die Milch in Gläser füllen, mit Muskatnuss verzieren und einfach nur genießen.

Tipp:

Wenn du statt Honig beispielsweise Agavendicksaft oder Ahornsirup zum Süßen verwendest, ist die Goldene Milch auch für Veganer geeignet.

Shake it Baby

Man nehme für zwei Personen:

1 Teelöffel Kurkuma

½ Tasse Mandelmilch

1 kleines Stück Ingwer

das Mark einer halben Vanilleschote

2 Hände voll Eiswürfel

1 Teelöffel Ahornsirup

½ Teelöffel warmes, flüssiges Kokosöl

Und so wird es gemacht:

Alle Zutaten in einen Mixer geben und auf höchster Stufe pürieren. Fertig ist das leckere Mixgetränk, welches auch für Veganer geeignet ist.

Infused Water mit Kurkuma

Man nehme für zwei Personen:

1 Liter stilles Wasser

1 ganze Knolle Kurkuma

1 unbehandelte Zitrone

Und so wird es gemacht:

Die Kurkuma schälen und in feine Scheiben schneiden.

Die Zitrone mit heißem Wasser abwaschen (auch wenn sie unbehandelt ist), halbieren und ebenfalls in Scheiben schneiden.

Kurkumascheiben zusammen mit der Zitrone in ein geeignetes Gefäß geben und mit dem Wasser auffüllen.

Das Wasser muss mindestens eine Stunde ziehen, bevor du es über den Tag verteilt trinken kannst.

Kurkuma Tee

Man nehme für eine Kanne:

1 Liter Wasser ohne Kohlensäure

1 Teelöffel Kurkumapulver

1 Teelöffel frisch geriebener Ingwer

½ Zitrone

1 Esslöffel Honig, Agavendicksaft oder Ahornsirup

Und so wird es gemacht:

Das Wasser mit Kurkumapulver und dem geriebenen Ingwer kurz aufkochen lassen. Die halbe Zitrone auspressen, den Tee durch ein Sieb gießen, damit die Ingwerstücke entfernt werden und je nach Geschmack den Tee mit Zitronensaft, Honig, Agavendicksaft oder Ahornsirup abschmecken.

Zweites Kapitel: vegan und vegetarisch

Viele Rezepte, insbesondere die aus Indien und Ägypten sind für Vegetarier und teilweise sogar für Veganer geeignet, daher solltet ihr euch die beiden Kapitel ebenfalls etwas genauer anschauen. Die Rezepte habe ich entsprechend gekennzeichnet, aber hier kommen erst mal die allgemeinen Veggie-Rezepte.

Vegane Pfannkuchen mit Kurkuma

Man nehme für zwei Personen:

1 rote Zwiebel

1 Chilischote

½ Schlangengurke

1 halber Bund Koriander

150 Gramm Hartweizengrieß

250 Gramm Naturjoghurt

100 Gramm Mango-Chutney oder je nach Geschmack

1 Teelöffel Kurkuma

Salz, Pfeffer

2 Esslöffel Olivenöl

½ Salatgurke

etwas Zitronensaft

Und so wird es gemacht:

Die Zwiebel abziehen und fein würfeln. Chilischote längs halbieren, die Kerne herausschaben und fein hacken. Den Koriander waschen, trocken schütteln und ebenfalls fein hacken. Hartweizengrieß, eine gute Prise Salz und Kurkuma in 300 Millilitern kaltem Wasser verrühren. Die Zwiebel, Chili und Koriander dazugeben und alles zu einem glatten Teig verrühren. Den Teig einige Minuten quellen lassen. In der Zwischenzeit die 1/2 Salatgurke halbieren, entkernen, mit einer Gemüsereibe in grobe Stücke raspeln, unter den Joghurt rühren, mit Salz, Pfeffer und Zitronensaft abschmecken und kühl stellen. Das Öl in einer Pfanne erhitzen, mit einer Kelle den Teig zu zwei bis drei gleich großen Portionen in die Pfanne geben und glatt streichen. Die Pfannkuchen etwa 4 Minuten backen, bis die Unterseite goldbraun gebacken ist. Die Pfannkuchen wenden und weitere 2 Minuten backen. Auf Tellern anrichten und den Joghurt dazu reichen. Wenn du es eher herzhaft-süß magst, servierst du ein Mango-Chutney dazu.

Rührei vegan

Man nehme für zwei Personen:

250 Gramm Tofu

1 Teelöffel Olivenöl

1 Zwiebel

1 roter Paprika

½ grüner Paprika

¼ Teelöffel gemahlener Koriander

1 Teelöffel gemahlene Kurkuma

½ Teelöffel Knoblauchpulver

Kurkuma

½ Teelöffel Meer-, Stein- oder Kräutersalz

Pfeffer nach Geschmack

Und so wird es gemacht:

Tofu aus der Packung nehmen und gut mit Küchenpapier abtrocknen. Mit der Gabel in einer Schüssel zerdrücken, bis der Tofu schön krümelig geworden ist.

Die Zwiebel abziehen und in Ringe schneiden. Die Paprikaschoten waschen, die Kerngehäuse entfernen und in kleine Würfel schneiden.

Das Öl in einer Pfanne erhitzen und das Gemüse darin andünsten.

Alle Gewürze, außer der Kurkuma, hinzugeben und alles gut miteinander verrühren.

Nach ungefähr einer Minute den Tofu und zwei Esslöffel Wasser unterrühren und für ca. zwei Minuten köcheln lassen.

Anschließend die Kurkuma einrühren, alles mit Pfeffer würzen und sofort servieren, zum Beispiel zusammen mit Tortillas oder Tacos, mit einer feinen Avocadocreme oder gemeinsam mit gelbem Duftreis.

Gemüse Steaks

Man nehme für zwei Personen:

1 Kopf Blumenkohl, der sich in drei Scheiben schneiden lässt

Salz und Pfeffer zum Abschmecken

2 Esslöffel Olivenöl

1 Teelöffel Ingwer, gemahlen

1 Teelöffel Kumin, gemahlen

½ Teelöffel Kurkuma

Und so wird es gemacht:

Ofen auf 200 Grad vorheizen. Den Blumenkohl längs in drei dicke Scheiben schneiden und die Scheiben von beiden Seiten mit Salz und Pfeffer würzen.

Ein Esslöffel Öl in einer Pfanne erhitzen und die Blumenkohlscheiben kurz darin anbraten, bis sie goldbraun geworden sind.

Die Scheiben vorsichtig auf Backpapier legen.

Die Gewürze mit dem restlichen Öl verrühren und die Blumenkohlscheiben damit einstreichen.

Im vorgeheizten Backofen etwa 15 Minuten backen. Der Blumenkohl muss weich, aber noch bissfest sein. Vor dem Servieren nochmals mit Pfeffer würzen.

Passt gut zu Reis, Couscous oder Quinoa.

Kurkuma Duftreis

Man nehme für zwei bis vier Personen:

eine entsprechende Menge Basmati- oder Jasminreis

1 Lorbeerblatt

eine Zimtstange von ca. 5 Zentimeter

3 Nelken

1 Teelöffel Kurkuma

1 Teelöffel Kräutersalz

etwas Pfeffer

2 Esslöffel Olivenöl

Kurkuma

Und so wird es gemacht:

Den Reis waschen, mit Wasser und Gewürzen mit Ausnahme der Kurkuma zum Kochen bringen und bei geschlossenem Deckel bei etwas reduzierter Hitze köcheln lassen, bis er gar ist. Noch zehn Minuten ausquellen lassen und das Lorbeerblatt, die Nelken sowie die Zimtstange entfernen. Jetzt Kurkuma, Pfeffer und Olivenöl hinzufügen und sofort servieren.

Reibeplätzchen mit Kurkuma

Man nehme für 4 Portionen:

1 Kilo Kartoffeln

3 Eier

1 Esslöffel Mehl

2 Teelöffel Kurkumapulver

1,5 Teelöffel gemahlener Kreuzkümmel

1 Teelöffel gemahlener Koriander

½ Teelöffel Pfeffer

1 Knoblauchzehe

1 Prise Salz

Olivenöl zum Braten

Für den Dip:

250 Gramm Naturjoghurt

1 Teelöffel Zitronensaft

2 Esslöffel frisch gehackte Minze, alternativ kannst du auch Schnittlauch verwenden

2 Esslöffel Mineralwasser

Und so wird es gemacht:

Alle Gewürze in einer Schüssel miteinander vermengen. Die Kartoffeln und die Knoblauchzehe schälen und beides fein reiben. Eier, Mehl und Gewürzmischung hinzugeben, alles gut miteinander verrühren und mit Salz abschmecken. Das Olivenöl in einer Pfanne erhitzen, den Teig mit einer Kelle hineingeben und die Plätzchen von beiden Seiten goldgelb braten. Statt mit Kartoffeln kannst du die Reibeplätzchen auch mit Brokkoli, Blumenkohl oder Zucchini zubereiten.

Für den Dip:

Den Joghurt mit Mineralwasser schaumig rühren, die Zitrone auspressen und den Saft zusammen mit der Minze, alternativ mit dem Schnittlauch in den Joghurt rühren.

Risotto

Man nehme für 4 - 6 Portionen:

1 Zwiebel

2 Esslöffel Olivenöl

250 Gramm Risottoreis

70 Milliliter Weißwein

1 - 2 gehäufte Teelöffel Kurkuma

1 Lorbeerblatt

2 Esslöffel Butter

50 Gramm geriebener Parmesan oder Gouda

frisch gemahlener schwarzer Pfeffer

je nach Geschmack: frische Petersilie

Und so geht es:

Die Zwiebeln abziehen, fein würfeln und in einem großen Topf im Olivenöl andünsten. In der Zwischenzeit die Gemüsebrühe in einem Topf erhitzen. Den Reis in der Pfanne kurz mitbraten, mit Weißwein ablöschen und Kurkuma sowie das Lorbeerblatt hinzugeben. Sobald der Wein verkocht ist, nach und nach die Brühe angießen und unter ständigem Rühren immer wieder Brühe nachgießen, bis der Reis gar ist. Mit Pfeffer und Käse abschmecken und eventuell noch nachsalzen. Wenn du magst, die Petersilie hacken und über das Risotto streuen.

Blumenkohl-Curry

Man nehme für vier Portionen:

300 Gramm roter Reis, bekommst du im Asia-Laden

Salz

125 Gramm frische kleine Maiskolben

1 Esslöffel Bockshornklee

500 Gramm Blumenkohl

2 Teelöffel Kurkuma

300 Gramm Möhren

150 Gramm Prinzessbohnen

200 Gramm Champignons, weiß

70 Gramm frischer Ingwer

30 Gramm Ghee

1 Teelöffel eingelegte Limetten

350 Milliliter Kokosmilch

2 unbehandelte Limetten

10 Stiele Koriander

Und so wird es gemacht:

Den Reis in Salzwasser ungefähr 40 Minuten garen, die Körner sollten etwas aufplatzen. In der Zwischenzeit die Maiskolben in kochendem Salzwasser ca. 20 Minuten weich garen und durch ein Sieb abtropfen lassen. Bockshornklee in einer beschichteten Pfanne ohne Fett rösten, bis es dampft, danach im Mörser fein mahlen. Den Blumenkohl waschen, putzen, in Röschen schneiden und in kochendem Salzwasser mit 1 Teelöffel Kurkuma in 4 - 5 Minuten bissfest garen. Ebenfalls durch ein Sieb abtropfen lassen. Die Möhren schälen, längs halbieren, in dünne Scheiben schneiden, in kochendem Salzwasser für 3 - 4 Minuten garen und abtropfen lassen.

Die Bohnen waschen und putzen, in kochendem Salzwasser für 5 Minuten bissfest garen, abgießen, abschrecken, gut abtropfen lassen und quer halbieren. Die Champignons waschen, putzen und die Stiele entfernen. Je nachdem, wie groß sie sind, halbieren oder vierteln. Den Ingwer fein würfeln.

20 Gramm Ghee in einem Topf zum Schmelzen bringen und den Ingwer darin bei milder Temperatur für ungefähr 2 Minuten dünsten. Den Bockshornklee, die restliche Kurkuma und die eingelegten Limetten unter ständigem Rühren hinzuzugeben und kurz mit dünsten. Mit der Kokosmilch sowie 450 Millilitern Wasser ablöschen, mit Salz würzen und bei offenem Topf und geringer Temperatur sämig einkochen lassen.

Kurkuma

Das übrige Ghee in einer beschichteten Pfanne erhitzen, die Champignons bei starker Hitze kurz anbraten, mit Salz würzen und zunächst beiseitestellen. Schale von einer Limette fein abreiben, den Saft aus beiden Limetten auspressen. Den Koriander waschen, trocken schütteln, die Blätter abzupfen und grob zerkleinern.

Soße mit dem Pürierstab fein pürieren, Limettenschale und -saft untermixen. Das beiseitegestellte Gemüse in der Soße wieder erwärmen und eventuell noch einmal nachwürzen. Das Gemüsecurry mit Koriander garnieren und mit dem Reis zusammen servieren.

Auberginenauflauf

Man nehme für vier Portionen:

250 Gramm Basmati-Reis

2 große Auberginen

12 Stiele Koriander

1 unbehandelte Limette

Salz

300 Gramm Sojajoghurt

800 Gramm Tomaten

1 Größe Zwiebel

25 Gramm frischer Ingwer

1 Knoblauchzehe

6 Esslöffel Sonnenblumenöl

1 Teelöffel schwarze Senfkörner

1 Teelöffel Kreuzkümmel

3 Teelöffel brauner Zucker

1 Teelöffel Kurkuma

2 Auberginen

1 getrocknete Chilischote

8 getrocknete Curryblätter

400 Gramm Kichererbsen aus der Dose

Und so wird es gemacht:

Den Reis gründlich waschen und für 30 Minuten in kaltem Wasser quellen lassen. Den Koriander abwaschen, trocken schütteln, die Blätter abzupfen und fein hacken. Die Limette auspressen und die Schale fein abreiben. Zwei Teelöffel der Schale mit einer Prise Salz unter den Sojajoghurt heben und in den Kühlschrank stellen. Die Tomaten kreuzweise einschneiden, für 30 Sekunden in kochendes Wasser geben, abschrecken, die Haut abziehen und grob würfeln. Die Zwiebel abziehen und in feine Streifen schneiden. Den Knoblauch abziehen, den Ingwer dünn schälen und beides fein hacken. Die Zwiebeln in heißem Öl bei mittlerer Hitze glasig dünsten, Knoblauch und Ingwer zufügen und kurz mitdünsten. Senfkörner und Kreuzkümmel unterrühren und ebenfalls kurz mitdünsten. Zucker unterrühren, bis er geschmolzen ist. Danach die Tomaten und Kurkuma zugeben, aufkochen lassen und mit Salz würzen. Bei geschlossenem Topf und niedriger Temperatur für 25 Minuten kochen lassen.

Den Backofen auf 200 Grad Ober-/Unterhitze oder 180 Grad Umluft vorheizen.

In der Zwischenzeit die Auberginen waschen, putzen und längs in 3 Scheiben schneiden. Diese Scheiben in 3 cm große Stücke schneiden, mit 3 Esslöffeln Öl gemischt auf einem Backblech auslegen und mit

Salz würzen. Im vorgeheizten Backofen für ungefähr 20 Minuten garen.

Den gequollenen Reis in einem Sieb abtropfen lassen. Die Chilischote vorsichtig halbieren und die Kerne entfernen. 500 Milliliter gesalzenes Wasser aufkochen, den Reis, das restliche Öl, die Curryblätter und den Chili zugeben und bei geschlossenem Topf und milder Hitze 15 Minuten kochen. Die Kichererbsen abtropfen lassen und unter den Reis mischen. Den fertig gekochten Reis warm stellen, die Auberginen unter die Tomaten mischen. Den Limettensaft unter den Reis rühren und das Curry mit Reis und Sojajoghurt servieren.

Möhren Pilaw

Man nehme für zwei Portionen:

2 Zwiebeln

1 Knoblauchzehe

1 rote Chilischote

300 Gramm Möhren

1 Esslöffel Ghee

125 Gramm Basmati-Reis

2 Teelöffel Tomatenmark

1 Teelöffel Kurkuma

½ Teelöffel edelsüßes Paprikapulver

½ Teelöffel gemahlener Zimt

½ Teelöffel Kreuzkümmel

500 Milliliter Gemüsebrühe

2 Esslöffel Rosinen

2 Esslöffel ungeschälte, ganze Mandeln

1 Beutel Pfefferminztee

150 Gramm Sojajoghurt

½ Bund glatte Petersilie

1 unbehandelte Zitrone

Salz und Pfeffer

Und so wird es gemacht:

Die Zwiebeln abziehen, halbieren und in Streifen schneiden. Den Knoblauch abziehen, die Chilischote waschen und beides fein hacken. Die Möhren schälen und in 0,5 Zentimeter dicke Scheiben schneiden.

Das Ghee in einem Topf zerlassen und Zwiebeln sowie Knoblauch darin 2 Minuten andünsten. Die Möhren hinzugeben und für weitere 2 Minuten mit dünsten. Reis, Tomatenmark, Kurkuma, Paprikapulver, Zimt und Kreuzkümmel zugeben und unter Rühren kurz mitbraten.

Mit der Gemüsebrühe ablöschen, aufkochen und mit geschlossenem Deckel bei mittlerer Temperatur 20 Minuten kochen. Nach 15 Minuten die Rosinen unterrühren.

Die Mandeln grob hacken und in einer Pfanne ohne Fett rösten. Den Inhalt des Teebeutels in den Sojajoghurt rühren, die Petersilie grob hacken und die Zitrone in Spalten schneiden.

Möhren-Pilaw mit Salz und Pfeffer würzen, mit den Mandeln und der Petersilie bestreuen und mit dem Joghurt sowie den Zitronenspalten servieren.

Kurkuma

Wok-Gemüse mit Reis

Man nehme für vier Personen:

400 Gramm Naturreis

500 Milliliter Gemüsebrühe

2 rote, orange oder gelbe Paprikaschoten

2 Hände voll Zuckerschoten

200 Gramm Sojasprossen

2 Möhren

1 Zwiebel

etwas Kokosöl

1 Teelöffel Kurkumapulver

Und so wird es gemacht:

Den Reis nach Packungsanleitung zubereiten. Die Zwiebel abziehen und in grobe Würfel schneiden. Die Möhren schälen und in Stifte schneiden, die Paprika waschen, Kerne und Innengehäuse entfernen und ebenfalls in Streifen schneiden. Die Sojasprossen gut abwaschen und an der Luft trocknen lassen. Die Zuckerschoten ebenfalls waschen und trocknen.

Das Kokosöl im Wok oder einem ausreichend großen Topf erhitzen und die Zwiebel darin glasig dünsten. Zunächst die Karottenstreifen, das restliche Gemüse nach und nach und ganz zum Schluss die Sojasprossen und die Zuckerschoten hinzufügen.

Gut durchrühren oder im Wok schwenken, mit der Hälfte der Gemüsebrühe ablöschen und eventuell noch etwas mit Pfeffer nachwürzen, sollte die Gemüsebrühe nicht kräftig genug sein.

Den vorgekochten Reis in der restlichen Gemüsebrühe noch etwas ausquellen lassen und in einer Schüssel mit der Kurkuma verrühren und ziehen lassen.

Alles zusammen anrichten und einfach nur genießen.

Drittes Kapitel: Suppen und Soßen

Grundrezept Kurkuma Suppe (*für Veganer geeignet, wenn keine Butter verwendet wird*)

Man nehme für zwei Portionen:

½ Sellerieknolle

6 Möhren

2 Zwiebeln

zum Würzen: Salz, Pfeffer, Muskat, Kurkuma

zum Andünsten: Olivenöl

je nach Geschmack: Kokosfett oder Butter

Und so wird es gemacht:

Die Zwiebeln abziehen, in Ringe schneiden und in einem Topf in etwas Olivenöl glasig braten. Mit Salz und Pfeffer würzen. In der Zwischenzeit die Sellerieknolle und Möhren putzen, in kleine Stücke schneiden, zu den Zwiebeln in den Topf geben und ebenfalls kurz anbraten. Etwa einen Liter Wasser (alternativ kannst du auch Rinderbrühe nehmen) aufgießen und 20 Minuten auf mittlerer Flamme köcheln lassen. Wenn das Gemüse gar ist, die Suppe im Topf pürieren. Wenn sie zu sämig ist, kannst du noch etwas heißes Wasser hinzugeben. Mit Salz, Pfeffer, Muskat und reichlich (aber nicht zu viel) Kurkuma abschmecken. Mit ein wenig Kokosfett oder Butter kannst du den Geschmack noch etwas verfeinern.

Möhrensuppe (*für Veganer geeignet*)

Man nehme für zwei Portionen:

4 große Möhren

2 kleine Kartoffeln

1 Zwiebel

etwas Ingwer

200 Milliliter Kokosmilch

300 Milliliter Gemüsebrühe

zum Würzen: Kurkuma, Curry, Salz, Pfeffer, Chili

zum Anbraten: Olivenöl oder ein ähnliches gutes Öl

Und so geht es:

Die Kartoffeln schälen und in einer Pfanne mit Öl rundherum leicht anbraten. In der Zwischenzeit die Zwiebel abziehen, in kleine Würfel schneiden und ebenfalls in die Pfanne geben. Durch das Anbraten auf niedriger Flamme entwickeln die Kartoffeln und die Zwiebeln ein feines Röstaroma, du musst aber aufpassen, dass nichts anbrennt.

Nun kannst du die Möhren und den Ingwer schälen und in einen Mixer geben. Die Gemüsebrühe, die Kokosmilch sowie die angebratenen Kartoffeln und Zwiebeln ebenfalls in den Mixer geben und alles sämig pürieren. Zuletzt noch mit jeweils einer Prise Salz, Kurkuma und ein wenig Curry abschmecken. Wenn du es etwas schärfer magst, kannst du noch etwas Pfeffer und oder Chili dazugeben. Nach dem Würzen alles noch einmal für fünf Minuten kräftig durchmixen. Ist die Suppe in der Zwischenzeit zu kalt geworden, kannst du sie auf dem Herd oder in der Mikrowelle noch einmal erhitzen.

Sellerie-Kurkuma-Suppe *(für Veganer geeignet)*

Man nehme für zwei Portionen:

Kurkuma

1 kleine oder eine halbe Knolle Sellerie

1 mittelgroße Möhre

1 cm Ingwer

1 Esslöffel Kokosöl

500 Milliliter Gemüsebrühe

2 Esslöffel Cashewmus

½ Bund Koriander

zum Würzen: Meersalz, frisch gemahlener Pfeffer

zum Abschmecken: je ¼ Teelöffel Kurkuma und gemahlener Koriander, 1 Prise Chilipulver, 1 Esslöffel Limettensaft

Und so wird es gemacht:

Sellerie, Möhre und Ingwer putzen, schälen und in kleine Stücke schneiden.

Das Öl in einem Topf erhitzen und das Gemüse sowie den Ingwer darin andünsten. Mit der Brühe ablöschen und bei mittlerer Temperatur für etwa 15 Minuten köcheln lassen, bis das Gemüse gar ist.

Das Koriandergrün waschen, trocken wedeln und zusammen mit dem Cashewmus und der Suppe mit einem Stabmixer pürieren. Mit den Gewürzen und Limettensaft abschmecken. Nach Geschmack Chilipulver über die Suppe geben und direkt servieren.

Wenn du deine Suppe etwas aufpeppen möchtest, kannst du Avocadowürfel, Nüsse, angebratene oder geröstete Haferflocken als Topping dazu reichen.

Kartoffeleintopf (*für Veganer geeignet*)

Man nehme für vier bis sechs Portionen:

60 Gramm frischer Ingwer

1 kleines Stück frische Kurkumawurzel

4 Frühlingszwiebeln

1 Knoblauchzehe

500 Gramm festkochende Kartoffeln

500 Gramm Süßkartoffeln

2 Esslöffel Olivenöl

1 getrocknete Chilischote

etwas Meersalz

400 Milliliter Gemüsebrühe

800 Milliliter Kokosmilch aus der Dose

2 rote Paprikaschoten

2 frische Maiskolben

1 Bund Koriandergrün

250 Gramm Zuckerschoten

Pfeffer aus der Mühle

Und so wird es gemacht:

Ingwer, Kurkuma, Schalotten und Knoblauch abziehen, schälen und ganz fein würfeln. Du solltest dabei Einmalhandschuhe tragen, da

Kurkuma

Kurkuma sehr stark färbt und sich schwer von den Händen entfernen lässt. Die Kartoffeln sowie Süßkartoffeln schälen und in circa 2 Zentimeter große Würfel schneiden.

Das Olivenöl in einem Topf erhitzen und Ingwer, Kurkuma, Schalotten sowie Knoblauch darin bei mittlerer Temperatur glasig braten. Die Kartoffel- und Süßkartoffelwürfel hinzugeben und unter Rühren von allen Seiten für ungefähr fünf Minuten anbraten, bis sie eine leichte Bräunung erhalten haben. Die Chilischote klein schneiden und zusammen mit dem Salz zufügen. Mit Gemüsebrühe und Kokosmilch ablöschen, alles aufkochen und 15 Minuten bei niedriger Temperatur köcheln lassen.

In der Zwischenzeit die Paprika halbieren, Stiel, Kerne und Wände entfernen und in feine Streifen schneiden. Die Maiskörner von den Kolben rupfen, den Koriander waschen, trocken schütteln und die Blätter abzupfen. Die Zuckerschoten waschen, putzen, halbieren und in kochendem Salzwasser in drei bis vier Minuten bissfest garen. Danach in sehr kaltem Wasser, am besten Eiswasser, abschrecken und gut abtropfen lassen.

Fünf Minuten vor Ende der Garzeit die Paprikastreifen und Maiskörner sowie die Zuckerschoten zu den Kartoffeln geben. Zuletzt die vorbereiteten Zuckerschoten zugeben und den Eintopf mit Salz und Pfeffer würzen. Mit den Korianderblättern garnieren und direkt servieren.

Linsensuppe mit Kurkuma und Ingwer (*für Veganer geeignet*)

Man nehme für vier bis sechs Portionen:

3 Esslöffel Olivenöl extra vergine

2 Kleine Zwiebeln

2 mittelgroße Möhren

4 Knoblauchzehen

1/8 Teelöffel Cayenne Pfeffer, also eine recht große Prise

2 Teelöffel Kreuzkümmel (Kumin)

1 Esslöffel frischer Ingwer

1 ½ Teelöffel frische Kurkuma oder 1 Teelöffel Kurkumapulver

4 Thymianzweige oder ½ Teelöffel getrockneter Thymian

2 Dosen stückige Tomaten, insgesamt 800 Gramm

200 Gramm braune Linsen

750 Milliliter Gemüsebrühe

500 Milliliter Wasser

½ Teelöffel Meersalz, je nach Geschmack auch etwas mehr

frisch geriebener schwarzer Pfeffer

ungefähr 4 Hände voll frische Grünkohlblätter

Saft von ½ Zitrone

Und so wird es gemacht:

Die Zwiebeln abziehen und in Würfel schneiden, die Möhre putzen und ebenfalls würfeln. Das Olivenöl in einem großen Topf bei mittlerer Temperatur erhitzen. Sobald es heiß ist, die Zwiebel- und Möhrenwürfel hineingeben und anbraten, bis die Zwiebeln glasig werden.

Die Knoblauchzehen abziehen und zerdrücken, Ingwer und Kurkuma fein reiben. Den Thymian abwaschen, trocken schütteln und die Blätter abzupfen. Ingwer, Kurkuma und die Thymianblätter zusammen mit dem Cayennepfeffer und dem Kreuzkümmel dazugeben. Unter ständigem Umrühren aufkochen lassen und die Tomatenstücke hinzufügen. Alles noch mal 2 - 3 Minuten unter ständigem Umrühren kochen lassen, mit Brühe und Wasser ablöschen, mit ½ Teelöffel Salz würzen und die Linsen hinzufügen. Großzügig mit schwarzem Pfeffer würzen und die Temperatur erhöhen, bis die Suppe kocht. Bei teilweise geschlossenem Topf den Herd wieder auf mittlere bis kleine Stufe reduzieren. Die Linsensuppe für ungefähr 25 - 30 Minuten köcheln lassen, bis die Linsen weich aber noch bissfest sind.

In der Zwischenzeit die Grünkohlblätter waschen, trocknen, klein schneiden und der Suppe zufügen, wenn die Linsen gar sind. Nochmals fünf Minuten kochen lassen.

Die halbe Zitrone auspressen, den Topf vom Herd nehmen und den Zitronensaft hinein rühren. Abschmecken und eventuell mit Salz, Pfeffer und Zitronensaft nachwürzen. Hierzu passt ein frisches, knuspriges Brot.

Fruchtige Mangosuppe *(für Vegetarier geeignet)*

Man nehme für 1 Portion:

1 reife Mango

½ Teelöffel Kurkuma

1 Packung Frischkäse, Doppelrahmstufe

Salz und Pfeffer

Und so wird es gemacht:

Die Mango halbieren, den Kern entfernen. Das Fruchtfleisch herauslösen und im Mixer oder mit dem Pürierstab pürieren. Löffelweise den Frischkäse hinzugeben, bis eine sämige Creme entstanden ist. Zum Schluss mit Kurkuma, Salz und Pfeffer abschmecken.

Zucchinieintopf *(für Vegetarier geeignet)*

1 Kilo Zucchini

4 Knoblauchzehen

4 Zwiebeln

6 mittelgroße Tomaten

500 Milliliter Wasser

1 Würfel Gemüsebrühe

1 Becher Sahne

1 Esslöffel mittelscharfer Senf

2 Messerspitzen Kurkuma

Salz, Pfeffer, Olivenöl

je nach Geschmack: eine beliebige Menge Honig

Und so wird es gemacht:

Zucchini und Tomaten abwaschen, grobe Teile entfernen und mit Schale in mundgerechte Stücke schneiden. Zwiebeln und Knoblauch abziehen, schälen und würfeln. Etwas Olivenöl in einen Topf geben und Zwiebeln sowie Knoblauch darin andünsten. Die Zucchinistücke hinzugeben und kurz mit dünsten. Mit Wasser ablöschen und den Brühwürfel hinzufügen. Das Ganze etwa zehn Minuten köcheln lassen und ein paar Minuten vor Ende der Kochzeit die Tomatenstücke dazugeben. Das Wasser abgießen, Sahne und Senf zugeben und auf kleinster Flamme noch einmal erwärmen. Kurkuma und, wenn du magst, eine beliebige Menge Honig unterrühren. Mit Salz und Pfeffer abschmecken und direkt servieren.

Kürbis-Kurkuma-Suppe *(für Veganer geeignet)*

Man nehme für 4 Portionen:

Kurkuma

800 Gramm Hokkaido-Kürbis

40 Gramm frischer Ingwer

2 Knoblauchzehen

2 Teelöffel Kurkumapulver

600 Milliliter Gemüsebrühe

200 Milliliter Kokosmilch

2 Esslöffel Kürbiskerne

je nach Geschmack: ½ rote Chilischote

Salz und Pfeffer

Und so wird es gemacht:

Den Kürbis waschen, vierteln, entkernen und mit Schale in Würfel schneiden. Die Knoblauchzehen abziehen, den Ingwer schälen und beides fein hacken. Die Chilischote waschen, die Kerne entfernen und klein schneiden.

Alle Zutaten, außer den Kürbiskernen, in einen großen Topf geben, die Gemüsebrühe und Kokosmilch angießen und alles für ungefähr 15 Minuten köcheln lassen. Anschließend die Suppe pürieren, mit Salz und Pfeffer würzen und mit den Kürbiskernen garnieren.

Schafskäsesoße *(für Vegetarier geeignet)*

Man nehme für 4 Portionen:

250 Gramm Schafskäse

1 Frühlingszwiebel

¼ Brühwürfel

1 Teelöffel Kurkuma

2 Esslöffel Schnittlauch

100 Milliliter Joghurt

Und so wird es gemacht:

Den Schafskäse auf kleiner Flamme oder im Wasserbad zum Schmelzen bringen. In der Zwischenzeit die Frühlingszwiebel in Würfel, den Schnittlauch in Röllchen schneiden gut abwaschen und trocken tupfen. Sahne, Frühlingszwiebel und Brühwürfel zum geschmolzenen Schafskäse geben und alles im Mixer pürieren. Kurkuma und Schnittlauchröllchen zufügen und alles nochmals gut verrühren. Passt gut zu Reis oder Nudeln.

Soße mit Koriander und Kurkuma *(für Vegetarier geeignet)*

Man nehme für 2 Portionen:

150 Milliliter Gemüsebrühe

100 Milliliter Sahne oder Crème fraîche

1 Zweig frischer Thymian

¼ Teelöffel Koriander

¼ Teelöffel Kurkuma

je nach Geschmack: Chiliflocken, frisch gemahlener schwarzer Pfeffer, Salz

abgeriebene Schale einer unbehandelten Zitrone

1 Spritzer Sojasoße

etwas Speisestärke

Und so wird es gemacht:

Kurkuma

Die Gemüsebrühe mit der Sahne oder Crème fraîche gut verrühren und in einer Pfanne oder einem Topf kurz aufkochen lassen. Den Zweig Thymian abwaschen, trocken schütteln und die Blätter abzupfen. Mit Koriander, Kurkuma, Chiliflocken, Pfeffer, Salz und der Sojasoße abschmecken und mit etwas Speisestärke binden. Die abgeriebene Zitronenschale und Thymian hinzugeben, noch einmal kurz aufkochen lassen und direkt servieren.

Thunfischsoße

Man nehme für zwei Portionen:

1 Knoblauchzehe

1 rote Peperoni

1 Zitrone

1 Dose Thunfisch, im eigenen Saft ohne Öl

4 EL Olivenöl

200 Milliliter Cidre

½ Teelöffel Kurkuma

½ Teelöffel getrockneter Thymian

½ Teelöffel gekörnte Gemüsebrühe

Meersalz

weißer Pfeffer

Und so wird es gemacht:

Die Peperoni halbieren, waschen, entkernen und in feine Streifen schneiden. Zwiebeln und Knoblauch abziehen und fein hacken. Die Zitrone halbieren und auspressen. Den Thunfisch mithilfe eines feinen Siebes gut abtropfen lassen.

Zwiebeln, Knoblauch, Peperoni in etwas Öl andünsten, bis die Zwiebeln glasig sind. Den abgetropften Thunfisch hinzugeben und mit einer Gabel etwas auseinanderziehen. Den Zitronensaft zufügen, das Ganze einige Minuten braten lassen und mit dem Cidre ablöschen. Mit Kurkuma, Thymian, gekörnter Gemüsebrühe, Meersalz sowie Pfeffer würzen und für ungefähr 8 Minuten bei niedriger Temperatur köcheln lassen.

Vielleicht fehlt noch etwas Schärfe? Dann würze noch einmal nach. Diese Soße passt hervorragend zu allen Sorten Pasta.

Cashew–Kurkuma–Soße *(für Vegetarier geeignet)*

Man nehme für vier Portionen:

2 Zwiebeln

3 Tomaten

2 Esslöffel Olivenöl

100 Gramm Cashewkerne, ungesalzen

100 Gramm Joghurt, Natur

500 Milliliter Gemüsebrühe

1 Teelöffel Kurkumapulver

1 Teelöffel Korianderpulver

1 Teelöffel Chilipulver

Salz

Und so wird es gemacht:

Die Zwiebeln abziehen und hacken. Die Tomaten enthäuten, indem du sie kreuzweise einschneidest, in kochendem Wasser blanchierst und abschreckst. Die Haut dürfte sich nun leicht entfernen lassen und du kannst die Tomaten nun mit einer Gabel zerdrücken. Das Öl in der Pfanne erhitzen und die Zwiebeln sowie die zerdrückten Tomaten darin andünsten.

Die Cashewkerne zerstoßen oder mahlen, mit Kurkuma, Chilipulver, Koriander sowie etwas Salz vermischen und mit dem Joghurt verrühren. Die Joghurtmischung zu den Tomaten geben, die Gemüsebrühe angießen und alles für 15 Minuten bei niedriger Temperatur köcheln lassen. Die Soße passt hervorragend zu Blumenkohl oder anderen Gemüsesorten.

Salatdressing *(für Veganer geeignet)*

Man nehme:

1 Esslöffel Apfelessig

1 Esslöffel Olivenöl

3 Esslöffel Zitronensaft, frisch ausgepresst

1 Esslöffel Senf

2 Esslöffel frisch gehackte Minze

1 fein gehackte Knoblauchzehe

½ Teelöffel Kurkumapulver

Pfeffer und Salz zum Abschmecken

Und so wird es gemacht:

Alle Zutaten in eine Schüssel geben und mit dem Schneebesen so lange schlagen, bis das Dressing angedickt ist. Passt besonders gut zu Blattsalaten. Das Dressing hält sich gut einige Tage im Kühlschrank.

Viertes Kapitel: Hauptgerichte mit Fleisch und Fisch

Lamm Pilaw

Man nehme für vier Portionen:

5 Esslöffel Olivenöl

4 Lammhaxen von ungefähr 400 Gramm

Salz

6 Kapseln Kardamom

1 Teelöffel Kreuzkümmel

1 Teelöffel Korianderkörner

1 Teelöffel Pimentkörner

½ Teelöffel schwarze Pfefferkörner

1 Teelöffel Kurkuma

400 Gramm nicht zu dicke Möhren

300 Gramm Petersilienwurzeln

150 Gramm Zwiebeln

2 Knoblauchzehen

4 Teelöffel Fenchelsaat

200 Gramm Berglinsen

Kurkuma

100 Gramm Datteln

1 mittelgroßer Granatapfel

6 Stiele Petersilie

6 Stiele frische Minze

Und so wird es gemacht:

Den Backofen auf 220 Grad Ober-/Unterhitze vorheizen. Einen Bräter mit ungefähr 6 Liter Fassungsvermögen mit 2 Esslöffeln Öl bestreichen. Die Lammhaxen von allen Seiten salzen und mit den Knochen nach oben in den Bräter stellen. Den Bräter auf den Rost des Backofens stellen und auf der untersten Schiene 45 Minuten garen lassen.

In der Zwischenzeit die Samen aus den Kardamomkapseln herauslösen und Kreuzkümmel, Koriander, Piment und Pfeffer in einem Mörser fein zerstoßen. Kurkuma hinzufügen, mit dem restlichen Öl gut vermischen und zunächst beiseitestellen. Möhren und Petersilienwurzeln waschen und schälen, der Länge nach halbieren und in 3 cm breite Stücke schneiden. Die Zwiebeln abziehen und würfeln, den Knoblauch abziehen und fein hacken.

Die fertigen Haxen aus dem Bräter nehmen und die Möhren, Petersilienwurzeln, Zwiebeln und Knoblauch im Bräter mit dem Bratfett mischen. Salzen und für 10 Minuten bei 180 Grad im Backofen braten. Fenchelsaat im Mörser grob zerstoßen. Einen guten Liter Wasser aufkochen, die zerstoßene Fenchelsaat einrühren und 10 Minuten ziehen lassen. Die Lammhaxen mit der beiseite gestellten Gewürzpaste bestreichen. Die Linsen abspülen und unter das Gemüse mischen. Die gewürzten Lammhaxen auf das Gemüse in den Bräter setzen, das Fenchelwasser durch ein Sieb gießen und einen Liter in den Bräter füllen. Den Bräter in den Ofen setzen und zugedeckt für eine gute Stunde schmoren lassen.

In der Zwischenzeit die Datteln entsteinen, grob würfeln und unter das fertig geschmorte Gemüse im Ofen mischen. Den Ofen ausschalten und alles noch für weitere 15 Minuten bei offener Tür ziehen lassen. Eventuell das restliche Fenchelwasser zugießen. Inzwischen die Kerne aus dem Granatapfel lösen. Petersilie und Minze waschen, trocken schütteln, fein hacken, mit den Kernen gut vermischen und zu den Lammhaxen und den Linsen servieren. Dazu passt sehr gut frisches Brot.

Hühnchen mit Reis

Man nehme für vier Personen:

2 Hähnchenbrustfilets

1 Becher Schlagsahne

1 Dose Pfirsiche

1 Esslöffel Kurkumapulver

150 Milliliter trockenen Weißwein

100 Milliliter Fleischbrühe

1 Esslöffel Olivenöl

200 Gramm Basmatireis

1 Teelöffel Butterschmalz

500 Milliliter Fleischbrühe oder Wasser für den Reis

Und so wird es gemacht:

Den Basmatireis in einem Topf mit Butterschmalz kurz anschwitzen. Mit Wasser oder Fleischbrühe ablöschen und kräftig aufkochen lassen. Den Reis umrühren, die Herdplatte ausstellen und den Reis zugedeckt ausquellen lassen. In der Zwischenzeit die Hähnchenfilets in schmale Streifen schneiden und mit Olivenöl in einer beschichteten Pfanne goldbraun anbraten. Die Pfirsiche abtropfen lassen, in Stücke schneiden und zum Hähnchen in die Pfanne geben. Mit Kurkuma würzen und dem Weißwein ablöschen. Fleischbrühe und Schlagsahne hinzugeben, mit Salz und Pfeffer nachwürzen und etwa 10 Minuten unter gelegentlichem Rühren köcheln lassen. Mit dem Reis zusammen servieren.

Als Beilage zum Kurkuma Hühnchen kannst du statt des Reises auch Nudeln reichen. Probiere doch einmal das folgende Rezept aus.

Selbst gemachte Kurkumanudeln

Man nehme für vier Personen:

250 Gramm gesiebtes Mehl

50 Gramm doppelt gemahlener Weizengrieß

3 Eier

1 zusätzliches Eigelb

1 Teelöffel Salz

1 Messerspitze Kurkuma

1 Esslöffel kaltes Wasser

Und so wird es gemacht:

Mehl, Grieß, Eier, Eigelb, Salz, Kurkuma und Wasser in eine Schüssel geben und gut miteinander verkneten. Etwas Grieß auf die Arbeitsfläche streuen und den Teig darauf noch einmal mit den Händen etwa 5 Minuten durchkneten, und zwar, bis er schön glatt ist. Den Teig zu einer Kugel formen, mit etwas Grieß bestreuen, in eine Schale geben und abgedeckt für eine Stunde ruhen lassen. Es wäre prima, wenn du eine Nudelmaschine hättest. Wenn nicht, rollst du den Teig ganz dünn aus und schneidest ihn mit einem scharfen Messer in feine Streifen. Nun die Nudeln in Salzwasser für ungefähr 20 Minuten kochen und mit einer leckeren Soße anrichten.

Curry-Fisch-Pfanne

Man nehme für vier Portionen:

1 Teelöffel Kreuzkümmelkörner

3 Teelöffel Korianderkörner

1 Esslöffel Tamarinde, bekommst du im Asia-Laden

5 Kardamomkapseln

150 Gramm Schalotten

2 Knoblauchzehen

15 Gramm frischer Ingwer

150 Gramm Tomaten

1 Stiel Zitronengras

2 rote Chilischoten

500 Gramm Rotbarschfilets

4 Esslöffel Öl

1 Esslöffel schwarze Senfkörner

2 Esslöffel Curryblätter, bekommst du ebenfalls im Asia-Laden

1 Zimtstange

Kurkuma

200 Milliliter ungesüßte Kokosmilch

Palmzucker oder brauner Zucker

1 Teelöffel Kurkuma

zum Würzen: Chilipulver, Salz, Pfeffer

Und so wird es gemacht:

Kreuzkümmel und Koriander in einer beschichteten Pfanne ohne Fett rösten, bis alles dunkelbraun, aber nicht angebrannt ist. Abkühlen lassen und in einem Mörser sehr fein zerstoßen. Tamarinde in 100 Milliliter heißem Wasser auflösen und durch ein feines Sieb streichen. Die Kardamomkapseln andrücken.

Die Schalotten und den Knoblauch abziehen und in feine Würfel schneiden. Den Ingwer schälen und in feine Stifte zerkleinern. Die Stielansätze aus den Tomaten entfernen und die Tomaten fein würfeln. Zitronengras und Chilischoten gut abwaschen und trocknen. Das Zitronengras flach klopfen, die Chilischote in feine Ringe schneiden.

Den Fisch waschen, trocken tupfen und nach Möglichkeit die Gräten entfernen. Den Fisch in ungefähr drei Zentimeter große Würfel schneiden.

Das Öl in einem großen flachen Topf erhitzen und die Senfkörner darin für eine Minute anrösten. Schalotten, Knoblauch, Ingwer und Chili zugeben und glasig dünsten. Curryblätter, Kardamom, Zimt und Tomaten ebenfalls dazugeben und unter Rühren andünsten. Tamarinde, 1 Teelöffel Zucker, Kurkuma, 1 Prise Chilipulver und die geröstete Gewürzmischung dazugeben, salzen, pfeffern, mit 200 Millilitern Wasser ablöschen und für 5 - 6 Minuten ohne Deckel einkochen lassen.

Den Fisch und die Kokosmilch hinzufügen und nochmals für vier bis fünf Minuten bei mittlerer Temperatur garen. Mit Salz, Pfeffer und 1 Prise Zucker abschmecken. Reis passt dazu hervorragend als Beilage.

Hähnchen Wraps

Man nehme für zwei Portionen:

2 Scheiben Tortilla-Brot

Kurkumapulver

Pfeffer

300 Gramm Hähnchenfleisch

Zwiebeln

Kokosnussöl

1 Avocado

¼ Salatgurke

Und so wird es gemacht:

Den Backofen auf 200 Grad Ober-/Unterhitze oder 180 Grad Heißluft vorheizen. Das Hähnchenfleisch waschen, trocken tupfen, in Würfel schneiden. Die Zwiebeln abziehen, ebenfalls in Würfel schneiden und zusammen mit dem Hähnchen in der Pfanne anbraten. Das Tortilla-Brot in den Ofen legen und erhitzen. Die Avocado zusammen mit Pfeffer, Kurkumagewürz und Salz zu einem Dip vermischen und auf dem noch warmen Tortilla-Brot verteilen. Die Gurke waschen und mit Schale in Scheiben schneiden. Die Scheiben auf das Brot legen. Mit aufgeschnittener Salatgurke dekorieren. Das heiße Fleisch mit den Zwiebeln direkt aus der Pfanne auf dem Brot verteilen und einrollen. Ein Tipp von mir: In Alufolie eingewickelt hält der Wrap besonders gut und lange.

Kurkuma

Kurkuma-Muschel-Topf

Man nehme für zwei Portionen:

8 Jakobsmuscheln, bereits küchenfertig vorbereitet

Salz und Pfeffer

8 Frühlingszwiebeln

1 kleine unbehandelte Zitrone

2 Esslöffel eingelegter Ingwer

2 Esslöffel

1 Esslöffel Butter

1 Teelöffel Kurkuma

50 Milliliter Gemüsebrühe

Und so wird es gemacht:

Jakobsmuscheln waschen, mit Küchenpapier trocken tupfen, quer halbieren und dann salzen und pfeffern. Die Frühlingszwiebeln abziehen, waschen und schräg in kleine Stücke schneiden. Die Zitrone halbieren und auspressen. Ingwer in einem feinen Sieb abtropfen lassen und in kleine Streifen schneiden. Etwas zum Garnieren übrig lassen. Ein Esslöffel Öl zusammen mit der Butter in einem Wok oder in einer entsprechenden Pfanne erhitzen. Die Jakobsmuscheln darin rundum für ein bis zwei Minuten anbraten. Herausnehmen und auf einem Teller zur Seite stellen. Nun das restliche Öl im Wok erhitzen, die Frühlingszwiebeln zugeben und unter ständigem Rühren glasig dünsten. Kurkuma, drei Esslöffel Zitronensaft sowie Gemüsebrühe hinzufügen und etwas einkochen lassen. Dann die Muscheln und den Ingwer darin unter Rühren für etwa eine Minute wieder erwärmen. Mit Salz und Pfeffer abschmecken. Mit den restlichen Ingwerstreifen garnieren und anrichten.

Couscous-Salat *(für Veganer geeignet)*

Man nehme für vier Portionen:

250 Gramm Couscous

250 Milliliter Gemüsebrühe

1 gelbe Paprikaschote

1 rote Paprikaschote

150 Gramm Frühlingszwiebeln

1 Bund glatte Petersilie

1 unbehandelte Zitrone

1 Teelöffel Meersalz

1 Teelöffel frisch gemahlener, schwarzer Pfeffer

½ Teelöffel Chilipulver

2 Teelöffel Zucker

1 Teelöffel Kurkumapulver

½ Teelöffel gemahlener Koriander

frische Minze

Olivenöl

2 Becher Vollmilchjoghurt, Veganer nehmen Sojajoghurt, Natur

3 Esslöffel Vollmilch, Veganer nehmen Sojamilch

Und so wird es gemacht:

Kurkuma

Den Couscous in der Gemüsebrühe aufkochen, den Herd ausschalten und mit der Restwärme ungefähr acht bis zehn Minuten quellen lassen.

In der Zwischenzeit die Frühlingszwiebeln waschen, trocknen und in nicht zu dünne Ringe schneiden. Die Paprikaschoten abwaschen, trocken tupfen, Kerne und Innengehäuse entfernen, in kleine Würfel schneiden und mit dem abgekühlten Couscous gut vermischen. Die Petersilie grob hacken und ebenfalls unter den Couscous heben. Die Minze waschen, trocknen fein hacken und für den Joghurt-Minze-Dip erst mal beiseitestellen.

Die Zitrone auspressen und aus Saft, dem Zucker und den Gewürzen ein Dressing herstellen. Das Olivenöl einrühren und über den Couscous geben, alles gut miteinander verrühren und mindestens 20 Minuten ziehen lassen. Erst danach mit den Gewürzen abschmecken.

Nun den Joghurt mit der Milch verrühren und die gehackte Minze unterheben. Den Joghurt zum Couscous-Salat servieren. Dazu passt sehr gut gebratenes Geflügel.

Kurkuma-Frikadellen mit Soße

Man nehme für vier Portionen:

Für die Frikadellen:

500 Gramm gemischtes Hackfleisch

2 Zwiebeln

2 Knoblauchzehen

1 Bund Petersilie

1 Esslöffel Salz

1 Esslöffel weißer Pfeffer

1 Ei

2 Esslöffel Olivenöl

2 Esslöffel Semmelbrösel

zum Braten etwas Mehl und Öl

Für die Soße:

4 unbehandelte Zitronen

8 Knoblauchzehen

2 Peperoni

½ Esslöffel Kurkumapulver

150 Milliliter Gemüsebrühe

1 Teelöffel Zucker

½ Esslöffel weißer Pfeffer

50 Milliliter Maiskeimöl

Und so wird es gemacht:

Die Zwiebel und den Knoblauch abziehen und fein hacken. Zusammen mit den restlichen Zutaten sorgfältig vermischen und mit Salz und Pfeffer abschmecken. Aus dem Teig große, flache Frikadellen formen, in Mehl wenden und im heißen Öl von beiden Seiten je ein bis zwei Minuten braten, bis sie etwas braun sind. Die Frikadellen aus der Pfanne nehmen und überschüssiges Fett auf Küchenpapier abtropfen lassen.

Die Zitronen gut abwaschen, auch wenn sie unbehandelt sind, in Scheiben schneiden und den Boden eines breiten Topfes oder einer

Kurkuma

Kasserolle auslegen. Den Knoblauch abziehen und halbieren, die Peperoni waschen und in Scheiben schneiden. Knoblauch und Peperoni auf den Zitronenscheiben verteilen, die restlichen Zutaten für die Soße zufügen und alles zum Kochen bringen. Die Frikadellen auf der Soße verteilen und alles bei geschlossenem Topf und niedriger Temperatur 20 Minuten garen. Dazu passt Reis, aber auch Nudeln schmecken sehr gut dazu.

Fünftes Kapitel: Indische Gerichte mit Kurkuma

Indische Kurkuma-Curry-Kartoffeln (*für Vegetarier geeignet*)

Man nehme für vier Personen:

750 Gramm Kartoffeln

1 Zwiebel

1 Zehe Knoblauch

200 Gramm Crème fraîche

100 Milliliter Kokosmilch

1 Teelöffel Currypulver

1 Teelöffel Harissa

½ Teelöffel Kurkuma

½ Teelöffel Koriander

3 Esslöffel Tomatenmark

2 Esslöffel Butter oder Ghee

je nach Geschmack: Rosmarin, Oregano

Und so wird es gemacht:

Die Kartoffeln gut abwaschen, mit Schale in Würfel schneiden und in Salzwasser gar kochen. Die Zwiebel und den Knoblauch abziehen schälen und fein hacken oder eventuell reiben, beziehungsweise durch die Knoblauchpresse drücken.

Kurkuma

Ghee beziehungsweise Butter in einem Wok oder einer geeigneten Pfanne erhitzen und die Zwiebeln mit dem Knoblauch zusammen glasig braten. Mit der Kokosmilch und der Crème fraîche ablöschen. Harissa, Rosmarin, Oregano, Kurkuma, Koriander und Tomatenmark hinzuzugeben und das Ganze etwas eindicken lassen. Inzwischen die gekochten Kartoffeln abgießen und mit in den Wok geben. Alles gut miteinander vermischen, und zwar so, dass die Kartoffeln komplett mit der Soße bedeckt sind.

Ein kleiner Tipp: Mit einem kleinen Schuss Weißwein kannst du die Soße noch etwas aufpeppen, sie hat dann aber Einiges mehr an Kalorien.

Indisches Curry mit Kichererbsen (*für Veganer geeignet*)

Man nehme für drei Portionen:

1 gehäufter Teelöffel Kurkumapulver

2 Esslöffel Pflanzenöl

1 Teelöffel Koriandersamen

1 Teelöffel Kreuzkümmelsamen

1 Teelöffel Senfkörner

1 rote Zwiebel

Knoblauchzehen

1 etwa drei Zentimeter großes Stück Ingwer

1 Teelöffel Currypulver in gewünschter Schärfe

1 Teelöffel Garam Masala (erhältst du im gut sortierten Supermarkt oder im Asia-Shop)

2 mittelgroße Tomaten

1 unbehandelte Limette

1 Dose Kokosmilch, 400 Gramm

1 Dose Kichererbsen, 420 Gramm

etwas Salz und Pfeffer

Und so wird es gemacht:

Das Öl mit mittlerer Temperatur in einem Topf erhitzen. Koriander, Kreuzkümmel und Senf darin rösten, bis sie einen deutlichen Duft entwickelt haben. Zwiebel und Knoblauch abziehen, den Ingwer schälen und alles fein gehackt mit in die Pfanne geben und für zwei bis drei Minuten andünsten. Währenddessen schon einmal die Tomaten waschen, trocken tupfen, die Stielenden entfernen und die Tomaten in mundgerechte Stücke schneiden. Zusammen mit Kurkuma, Currypulver und Garam Masala in den Topf geben. Die Limette gut abwaschen, auch wenn sie unbehandelt ist, halbieren, auspressen, die Hälfte der Schale abreiben. Die Kichererbsen abtropfen lassen. Limettenschale und

-Saft mit der Kokosmilch und den abgetropften Kichererbsen in den Topf füllen und mit Salz und Pfeffer abschmecken. Für rund eine halbe Stunde auf niedriger Temperatur sanft köcheln lassen und beispielsweise mit Basmatireis oder frischem Brot servieren.

Spinat-Kartoffeln a la India (*für Veganer geeignet*)

Man nehme für vier Portionen:

800 Gramm Kartoffeln

800 Gramm tiefgekühlter Blattspinat

10 Cocktailtomaten

Kurkuma

2 Zwiebeln

etwa drei Zentimeter Ingwerwurzel

2 Esslöffel Olivenöl

zum Würzen je nach Geschmack: Kurkuma, rote Currypaste, Currypulver, Kreuzkümmel, Mango-Chutney, Koriander, Salz, Pfeffer, Chili

Und so wird es gemacht:

Die Kartoffeln schälen, in kleine Stücke schneiden und in Salzwasser gar kochen. Den Spinat je nach nach Packungsanleitung zubereiten. Die Zwiebeln und den Knoblauch abziehen, den Ingwer schälen und alles fein hacken. Olivenöl in einer Pfanne erhitzen, die Zwiebeln, den Ingwer und den Knoblauch darin bei niedriger Temperatur kurz andünsten. Den Spinat zufügen und weiter dünsten. Danach die Pfanne beiseitestellen. In einem kleinen Topf etwas Olivenöl erhitzen und den Kreuzkümmel darin anrösten. Kurkuma, Currypaste, Curry und den Koriander hinzufügen und unter ständigem Rühren ungefähr 2 Minuten rösten. Die Tomaten vierteln, den Stielansatz entfernen und zusammen mit der Gewürzmischung und den Kartoffeln zum Spinat geben. Mango-Chutney hinzufügen und alles gut verrühren. Noch einmal für ungefähr 5 Minuten köcheln lassen und mit Chili sowie Salz abschmecken.

Indischer Dal

Man nehme für zwei Portionen:

100 Gramm rote Linsen

1 Zwiebel

1 Zehe Knoblauch

1 Scheibe Ingwerwurzel

2 Tomaten

2 getrocknete Chilischoten

ca. 300 Milliliter Wasser

2 Esslöffel Butter oder Ghee

½ Teelöffel Kreuzkümmel

½ Teelöffel Kurkuma

½ Teelöffel Salz

Und so geht es:

Die Linsen waschen, gut abtropfen lassen. Den Knoblauch abziehen und fein hacken, den Ingwer fein reiben und zusammen mit den Linsen, dem Salz und der Kurkuma in 250 Milliliter Wasser erhitzen. Für ungefähr 30 – 35 Minuten bei schwacher bis mittlerer Flamme köcheln lassen, bis die Linsen weich sind. Gegebenenfalls während des Kochens etwas mehr Wasser hinzufügen, damit die Linsen nicht anbrennen. Die Zwiebel abziehen und in Würfel schneiden. In der Zwischenzeit die Butter in einer Pfanne erhitzen, die Chilis zusammen mit dem Kreuzkümmel kurz anbraten und dann die Zwiebeln hinzufügen. Sobald die Zwiebeln goldbraun sind, die Tomaten achteln, ebenfalls hinzufügen und etwas weiterbraten. Zum Schluss die gekochten Linsen hinzugeben und noch einmal 5 – 10 Minuten weiterkochen lassen. Als Beilage passt zum Beispiel Reis.

Hähnchen nach indischer Art

Man nehme für vier Personen:

2 Knoblauchzehen

1 ca. drei Zentimeter großes Stück Ingwer

1 Teelöffel Koriandersamen

Kurkuma

½ Teelöffel Kreuzkümmel

½ Teelöffel Kurkuma

½ Teelöffel Garam Masala

700 Gramm Hähnchenbrustfilet

1 rote Chileschote

1 unbehandelte Limette

Meersalz

4 Esslöffel Rapsöl

½ Bund frischer Koriander

1 roter und eine gelber Paprika

6 Frühlingszwiebeln

200 Milliliter Sahne

100 Milliliter Gemüsebrühe

Und so wird es gemacht:

Den Knoblauch und den Ingwer abziehen beziehungsweise schälen und fein hacken. Zusammen mit Koriandersamen, Kreuzkümmel, Kurkuma und Garam Masala im Mörser zu einem feinen Pulver zerstoßen. Die Hähnchenfilets abwaschen, mit Küchentuch trocken tupfen, in mundgerechte Stücke schneiden und rundherum mit der Gewürzmischung einreiben. Mit Frischhaltefolie bedecken und für eine Stunde im Kühlschrank ziehen lassen.

In der Zwischenzeit die Chili waschen, halbieren, entkernen und fein hacken. Die Limette halbieren und auspressen. Paprika waschen, Kerne und

Gehäuse entfernen und in Würfel schneiden. Den Koriander waschen, trocken schütteln und grob hacken. Zwiebel abziehen und in Ringe schneiden. Öl in einem Wok oder einem geeigneten Topf erhitzen. Das gewürzte Hähnchenfleisch darin von allen Seiten für einige Minuten knusprig anbraten. Das Gemüse zufügen und unter Rühren weitere fünf Minuten garen. Sahne und Gemüsebrühe zufügen und noch einmal fünf Minuten köcheln lassen. Abschmecken und mit Koriander garnieren und zusammen mit Reis servieren.

Sechstes Kapitel: Orientalische Hauptspeisen mit Kurkuma

Ägyptischer Reis *(für Veganer geeignet)*

Man nehme für vier Portionen:

200 Gramm Reis

1 Zwiebel

2 Knoblauchzehen

2 unbehandelte Orangen

1 Zimtstange

1 Lorbeerblatt

½ Teelöffel Kurkumapulver

50 Gramm getrocknete Aprikosen

50 Gramm geschälte, ungesalzene Pistazien

500 Milliliter Gemüsebrühe

zum Braten: Olivenöl

Und so wird es gemacht:

Die Orangen halbieren und den Saft auspressen. Die Schale einer Orange abreiben. Zwiebel und Knoblauch abziehen und in feine Würfel schneiden. Das Öl in der Pfanne erhitzen, die Zimtstange und das Lorbeerblatt kurz anrösten, Zwiebel und Knoblauch hinzufügen und glasig dünsten. Den Reis dazugeben, kurz mit anrösten und mit

Gemüsebrühe ablöschen. Die getrockneten Aprikosen in kleine Stücke schneiden und zusammen mit dem Orangensaft, der Orangenschale und der Kurkuma in die Pfanne geben. Auf höchster Stufe mit geschlossenem Deckel aufkochen lassen, auf die niedrigste Stufe zurückschalten, bis der Reis gar gekocht ist. Den Herd komplett ausschalten und den Reis etwa 20 Minuten ziehen lassen. In der Zwischenzeit die Pistazien in einer Pfanne ohne Fett anrösten. Den Reis umrühren, die Zimtstange und das Lorbeerblatt entfernen, mit den gerösteten Pistazien bestreuen und servieren.

Frittata Orientale

Man nehme für vier Portionen:

6 große Eier

1 Esslöffel Mehl

1 Knoblauchzehe

4 Frühlingszwiebeln

4 Esslöffel frischer Koriander

4 Esslöffel frischer Dill

4 Esslöffel frische, großblättrige Petersilie

2 Teelöffel gehackte Walnüsse

½ Teelöffel Kurkumapulver

zum Würzen: Pfeffer und Salz

zum Braten: Olivenöl

Und so wird es gemacht:

Den Backofen auf 200 Grad vorheizen. Die Eier mit dem Mehl vermischen und schaumig schlagen. Es sollen keine Klumpen entstehen.

Kurkuma

Die Kräuter waschen und zerkleinern. Den Knoblauch und die Walnüsse hacken, die Frühlingszwiebeln schälen und in feine Ringe scheiden. Die Zutaten und Kurkuma zu den Eiern geben, die Mischung verrühren und mit Salz und Pfeffer abschmecken. Öl in einer feuerfesten Bratpfanne erhitzen, die Eiermischung in der Pfanne verteilen und zwei Minuten braten. Die Frittata anschließend im Ofen 5 – 10 Minuten stocken lassen. In Stücke schneiden und servieren.

Kichererbsensuppe

Man nehme für vier Portionen:

1 Dose Kichererbsen

1 Süßkartoffel

1 Chorizo oder andere scharfe Wurst

1 Becher Joghurt

1 Zucchini

1 Esslöffel Paprikamark

1 Esslöffel Tomatenmark

500 Milliliter Rinderbrühe

1 Bund glatte Petersilie

1 Zwiebel

2 Zehen Knoblauch

zum Würzen: Kreuzkümmel, Harissa, Kurkuma, Koriander, Salz und Pfeffer

Und so wird es gemacht:

Die Zwiebel in halbe Ringe, die Süßkartoffel in Würfel schneiden und beides in Olivenöl anbraten. Paprika- und Tomatenmark kurz mit anrösten und mit der Brühe ablöschen. Die Kichererbsen abgießen, gut abtropfen lassen, hinzugeben und mit den Gewürzen mit Ausnahme der Petersilie abschmecken und danach für ungefähr 5 Minuten köcheln lassen. Dann die Wurst und die Zucchini in halbe Scheiben schneiden, hinzufügen und weitere 5 Minuten köcheln lassen. In der Zwischenzeit den Knoblauch abziehen, fein reiben und mit dem Joghurt sowie dem Salz verrühren. Wenn du magst, kannst du noch frische Minze zufügen. Die Petersilie fein hacken. Die Suppe anrichten und einen Klecks Joghurt in die Mitte geben, die Petersilie um den Joghurt herum streuen. Wer es scharf mag, kann ein bisschen Harissa auf den Joghurt geben.

Gefüllter Kürbis

Man nehme für vier Portionen:

1 Kürbis, am besten Hokkaido, weil die Schale essbar ist

2 Zwiebeln

1 Zucchini

500 Gramm gehacktes Lammfleisch, alternativ kannst du das Fleisch selbst durch den Fleischwolf drehen

3 Knoblauchzehen

1 Esslöffel Olivenöl

100 Gramm geröstete und gesalzene Cashewkerne

50 Milliliter Sahne

50 Milliliter Gemüsebrühe

Kurkuma

1 Ei

½ Bund Petersilie

1 Teelöffel Kreuzkümmel

1 Teelöffel Paprikapulver

1 Teelöffel Currypulver

½ Teelöffel Koriander

1 rote Chilischote, alternativ ½ Teelöffel Chilipulver

½ Esslöffel Ingwer, frisch gerieben

1 Messerspitze Zimt

Und so wird es gemacht:

Den Backofen auf 180 Grad Umluft vorheizen. Zuerst den Deckel vom Kürbis abschneiden und die Kerne entfernen. Das Fruchtfleisch gleichmäßig herausnehmen, dass noch ein etwa zwei Zentimeter breiter Rand verbleibt und den Kürbis anschließend von innen salzen. Die Zwiebeln abziehen und würfeln, das Kürbisfleisch ebenfalls in Würfel schneiden. Die Zucchini waschen, trocknen und mit Schale in Stifte schneiden. Den Kürbis und den Deckel in eine feuerfeste Auflaufform oder auf ein Backblech stellen und im vorgeheizten Backofen für 30 Minuten backen. In der Zwischenzeit die Zwiebeln in einer Pfanne mit Olivenöl anbraten, das Hackfleisch hinzufügen und mit anbraten, bis es krümelig ist. Das Kürbisfleisch dazugeben und mit Pfeffer, Salz, Kreuzkümmel, Koriander, Curry, Paprika, Chili, Zimt, Ingwer und Knoblauch ordentlich würzen. Vom Herd nehmen und die Cashewkerne, die Zucchini und die klein geschnittene Petersilie unterziehen. Das Ei mit Sahne und Brühe verquirlen und mit Muskat, Salz und Pfeffer würzen. Den Kürbis mit dem Hackfleisch füllen, die verquirlte Sahne darüber gießen und den Kürbis für weitere 15 Minuten backen.

Serviere den Kürbis im Ganzen mit Deckel, am Tisch kannst du ihn vierteln und auf die Teller verteilen. Eigentlich ist keine Beilage notwendig, ein wenig Feldsalat passt aber sehr gut.

Rote Linsen

Man nehme für vier Portionen:

1 Zwiebel, fein gehackt

1 Teelöffel Kreuzkümmel

2 Esslöffel Olivenöl oder Ghee

1 Knoblauchzehe, fein gehackt

200 Gramm rote Linsen

1 Möhre, klein gewürfelt

100 Gramm passierte Tomaten

1 Esslöffel Kurkuma

1 Lorbeerblatt

je nach Bedarf bis 600 Milliliter Wasser oder Gemüsebrühe

je nach Geschmack Salz und Pfeffer

1 getrocknete rote Chilischote, Kerne entfernt und klein gehackt (optional)

Und so wird es gemacht:

Die Zwiebel und den Kreuzkümmel in einem Topf bei niedriger Temperatur in Öl, Butter oder Ghee anrösten. Den Knoblauch abziehen, fein hacken, hinzugeben und ein paar Sekunden unter Rühren mit

Kurkuma

rösten. Die Möhre waschen, schälen, würfeln und zusammen mit den Linsen in den Topf geben. Gut umrühren und ein paar Minuten mit anbraten.

Die passierten Tomaten, Kurkuma und Lorbeer zufügen und unter ständigem Rühren ein paar Minuten köcheln lassen. Mit Wasser oder Brühe ablöschen und mit Salz, Pfeffer und Chili würzen. Rund 15 - 20 Minuten bei geschlossenem Topf kochen, bis die Linsen weich geworden sind.

Du kannst die fertige Linsensuppe so servieren oder im Mixer beziehungsweise mit dem Pürierstab pürieren.

Orientalischer Kartoffelsalat *(für Veganer geeignet)*

Man nehme für vier Portionen:

1 Kilo festkochende Kartoffeln

1 kleine Landgurke

1 Knoblauchzehe

100 Milliliter extra natives Olivenöl

1 Limette

½ Bund glatte Petersilie

1 guter Teelöffel Kurkuma

1 guter Teelöffel arabische Gewürzmischung, dazu müssen folgende Zutaten fein zerstoßen werden: Zimt, Kreuzkümmel, Nelke, Chili, Kardamom, Muskatblüte und Koriandersamen. In gut sortierten arabischen Geschäften kannst du die Mischung fertig kaufen. Ihr Name lautet Baharat.

je nach Geschmack: Granatapfelkerne

zum Würzen: Meersalz, schwarzer Pfeffer

Und so wird es gemacht:

Die Kartoffeln schälen, in Stücke schneiden und in Salzwasser mit der Kurkuma gar kochen. Danach sind sie schön gelb.

In der Zwischenzeit die Granatapfelkerne auslösen, die Gurke waschen, halbieren, die Kerne entfernen und in kleine Stücke schneiden. Die Petersilie waschen, trocken schütteln und fein hacken.

Die fertig gekochten Kartoffeln abgießen und abkühlen lassen. Die Limette halbieren, auspressen und den Saft mit dem Olivenöl, den Gurken, dem Baharat, Salz und Pfeffer sowie etwa 2/3 der Granatapfelkerne und der Petersilie mit den erkalteten Kartoffeln vermischen. Die Knoblauchzehe abziehen und durch die Knoblauchpresse dem Salat zufügen.

Den Kartoffelsalat in eine hübsche Schüssel umfüllen und mit den übrig gebliebenen Granatapfelkernen garnieren.

Kleiner Tipp: Kichererbsen passen auch sehr gut in den Salat und statt Petersilie kannst du auch Koriander verwenden.

Siebtes Kapitel: Süßspeisen für Schleckermäuler

Breakfast-Bowl (*für Veganer geeignet*)

Wer sagt, dass Smoothies nur zum Trinken sind? Eine Breakfast-Bowl, zum Frühstück verzehrt, bringt dir jede Menge Schwung und Energie für den gesamten Tag. Für dieses Rezept benötigst du eine gefrorene Mango, die du am besten am Abend vorher vorbereitest: schälen, Fruchtfleisch würfeln und einfrieren.

Man nehme für zwei Portionen:

Für den Smoothie:

1 Teelöffel Kurkumapulver

300 Milliliter Soja-, Mandel- oder Hafermilch

1 Mango, gewürfelt und gefroren

1 Banane

Vorschläge für passende Toppings:

Chiasamen

Mandelblättchen

2 Teelöffel Kokosraspeln

Blaubeeren, Himbeeren oder klein geschnittene Erdbeeren

Und so wird es gemacht:

Alle Zutaten für den Smoothie im Mixer oder mit dem Pürierstab zu einer cremigen Masse verarbeiten. Auf Schalen aufteilen und mit den Toppings garnieren.

Kurkuma-Reis-Nachspeise

Man nehme für vier Portionen:

4 Esslöffel Reis

2 Esslöffel Speisestärke

125 Gramm Zucker

250 Milliliter Wasser

1 Esslöffel Pinienkerne

1 Esslöffel Rosinen

½ Teelöffel Kurkumapulver

Und so wird es gemacht:

Die Pinienkerne aus der Schale nehmen und ohne die Zugabe von Fett in einer beschichteten Pfanne anrösten und abkühlen lassen. Den Reis mit ungefähr der Hälfte der Speisestärke in einem Topf verrühren, Wasser und Zucker dazugeben und auf mittlerer Temperatur aufkochen lassen. Die restliche Speisestärke mit zwei Esslöffeln Wasser verrühren. Wenn der Reis langsam andickt, die angerührte Speisestärke, Pinienkerne, Rosinen und Kurkuma hinzufügen. Aufpassen, dass nichts anbrennt. Auf niedriger Temperatur 15 - 20 Minuten köcheln und immer wieder umrühren. Den Reis in Gläser oder Dessertschüsseln umfüllen und kalt werden lassen.

Crème brulée (*für Ovo-/Lactovegetarier geeignet*)

Man nehme für zwei Portionen:

400 Milliliter Kokosmilch

20 Gramm Ingwer, frisch gerieben

Kurkuma

20 Gramm Kurkuma, frisch gerieben

½ Vanilleschote, ausgekratzt

4 Eigelb

2 Esslöffel Honig

1 Prise Zimt

2 - 3 Esslöffel Kokoszucker

Und so wird es gemacht:

Die Vanilleschote halbieren und das Mark einer Hälfte herauskratzen. Ingwer und Kurkuma schälen und sehr fein reiben.

Die Kokosmilch mit dem Vanillemark, dem geriebenen Ingwer und Kurkuma langsam aufkochen und für ungefähr 10 Minuten bei schwacher Hitze köcheln lassen. Durch ein feines Sieb schütten, um die letzten festen Stücke zu entfernen.

Den Honig etwas erwärmen, damit er flüssiger wird, und zusammen mit den Eigelben in einer beschichteten Pfanne ohne Fett schaumig schlagen. Je nach Geschmack Zimt hinzufügen. Gut mit der Kokos-Vanille-Ingwer-Kurkuma-Masse vermischen und für wenigstens zwei Stunden im Kühlschrank ziehen lassen.

Den Backofen auf 100 Grad Umluft vorheizen. Die durchgekühlte Creme in vier ofenfeste Formen umfüllen und im Backofen für 30 Minuten auf der mittleren Schiene stocken lassen. Wenn die Oberfläche gestockt ist, die Masse abkühlen lassen, aber nicht in den Kühlschrank stellen.

Nun muss die Creme noch flambiert werden.

Dazu benötigst du einen Flambierer oder Bunsenbrenner. Den Kokoszucker dünn und gleichmäßig auf der Creme verteilen und karamellisieren. Hierbei musst du aufpassen, dass der Zucker nicht verbrennt. Wenn du kein entsprechendes Flambiergerät besitzt, kannst du die Crème brulée auch mit der Grillfunktion deines Backofens überbacken.

Pralinchen (*für Veganer geeignet*)

Man nehme für zwei Portionen:

250 Gramm Datteln

100 Gramm getrocknete Ananas

150 Gramm Kokosraspel

100 Gramm Cashewkerne

jeweils eine Prise Vanille und Salz

1 Teelöffel Kurkuma

2 Esslöffel Kokosöl

Und so wird es gemacht:

Cashews, Ananas und Datteln in einen Mixer geben und auf höchster Stufe mixen.

Die Kokosraspel und Gewürze hinzufügen und noch einmal ordentlich durchmixen.

Erst dann das Kokosöl hinzufügen und so lange weiter mixen, bis ein krümeliger aber immer noch klebriger Teig entstanden ist.

Mit den Händen kleine Pralinenkugeln formen und je nach Geschmack noch einmal in Kokosraspeln wälzen. Die Pralinen im Kühlschrank durchkühlen lassen und genießen.

Kurkuma

Porridge *(für Vegetarier geeignet)*

Man nehme für zwei Portionen:

5 Esslöffel Haferflocken

80 Milliliter Mandelmilch

1 Esslöffel Kurkuma-Latte-Mischung, bekommst du im gut sortierten Bio-Laden

1 Teelöffel flüssiger Honig

1 Apfel

Und so wird es gemacht:

Die Haferflocken über Nacht in Wasser einweichen.

Am nächsten Tag das übrig gebliebene Wasser abgießen und die Haferflocken in der Mandelmilch aufkochen.

Zwischenzeitlich den Apfel waschen, das Kerngehäuse entfernen, mit Schale in kleine Stücke schneiden und zu den Haferflocken geben.

Die Kurkuma-Latte-Mischung ebenfalls hinzufügen und unter ständigem Rühren noch für etwa zwei Minuten köcheln lassen.

Den Porridge in Schüsseln anrichten und mit dem Honig verfeinern.

Apfel-Gratin *(für Veganer geeignet)*

Man nehme für eine Portion:

1 Kilo Äpfel

200 Gramm Kokosraspel

10 Milliliter Apfel- oder Birnenschnaps

150 Milliliter Ahornsirup

200 Gramm rote Linsen

1 Teelöffel Kurkumapulver

1 Prise Salz

500 Gramm Topinambur

eingemachte Preiselbeeren

zum Einfetten: Margarine

Und so wird es gemacht:

Die Äpfel waschen, halbieren, Stiel, Blüte und Kerngehäuse entfernen, fein raspeln und durch ein feines Sieb drücken, sodass nur der Saft übrig bleibt. Topinambur schälen und ebenfalls fein raspeln. Die Kokosraspel in einer beschichteten Pfanne ohne Fett leicht anrösten und anschließend mit einem Pürierstab pürieren, bis ein wenig Fett austritt. Alles zusammen in eine Schüssel geben, gut verrühren und den Schnaps sowie Ahornsirup hinzugießen. Die trockenen Zutaten miteinander mischen und nach und nach unter Rühren dazugeben. Mit dem Handmixer für etwa drei Minuten verrühren. Eine Auflaufform mit der Margarine einfetten, den Teig gleichmäßig einfüllen und glatt streichen. In die Mitte noch einen Klecks Preiselbeeren geben. Wenn du die Auflaufform mit einem Deckel verschließt, bleibt das Gratin etwas saftiger, es geht aber auch ohne Deckel. In den kalten Backofen stellen und bei 180 Grad Umluft für 60 Min. backen. Bevor du das Gratin aus dem Ofen nimmst, solltest du eine Stäbchenprobe machen. Guten Appetit!

Nachwort:

Aufgrund ihrer reinigenden Kraft spielt Kurkuma in der ayurvedischen Lehre eine wesentliche Rolle. Auch in der chinesischen Medizin wird das hierzulande als Gewürz bekannte Gewächs als Heilmittel verwendet. Kurkuma gilt sowohl als Schönheitselixier sowie als antioxidatives und Energie spendendes Gewürz, was an seiner schmerzlindernden und entzündungshemmenden Wirkung liegt. Es hilft bei Völlegefühl nach fettreichem Essen, kurbelt den Stoffwechsel an und wirkt sich ganz allgemein positiv auf dein Wohlbefinden aus.

Ich hoffe, ich konnte dir einen kleinen Einblick in die Welt des Gewürzes Kurkuma gewähren und dir verdeutlichen, wie schwerwiegend diverse Erkrankungen für unsere Gesundheit sein können und dass es zwar nicht immer, aber immer öfter sogar um Leben und Tod geht.

Und auch wenn man die Akzeptanz und das große Interesse an Kurkuma sicherlich grundsätzlich begrüßen sollte, hat der große Hype um dieses Gewürz letztendlich auch dazu geführt, dass sich ein großer Markt entwickelt hat, bei dem jeder ein Stück vom großen Kuchen abbekommen möchte.

Bisweilen kursieren viele Halbwahrheiten durchs Netz, bis hin zu wahren Kurkuma-Mythen, die sich um die ayurvedische Knolle ranken. Wenn du dich tatsächlich mit dem Gedanken trägst, Kurkuma nicht nur als Gewürz, sondern als höher dosiertes Nahrungsergänzungsmittel einnehmen zu wollen, solltest du dich vorher gründlich über die unterschiedlichen Angebote informieren und die Inhaltsstoffe vergleichen. Am besten ziehst du direkt einen Arzt oder Naturheilkundler deines Vertrauens zurate.

Die unumstritten bekannte und seit Jahrhunderten genutzte, wirklich enorme gesundheitliche Positivbilanz von Kurkuma und Kurkumin wird mittlerweile von zahlreichen wissenschaftlichen Studien gestützt, sodass prinzipiell die positive Wirkung von Kurkuma auf den menschlichen Organismus kaum noch wegdiskutiert werden kann. Selbst Kritiker der alternativen Medizin können sich der Wirkung nicht mehr entziehen und erkennen den Nutzen von Kurkuma mittlerweile an.

Impressum

Biohacking Academy wird vertreten durch:

Instyle Supply and Control Limited

20th Floor, Central Tower, 28

Queen's Road, Central, HK

Coverbilder

[creativelog] | [Fiverr]

Copyright © 2018 Biohacking Academy

Alle Rechte vorbehalten

Haftung für externe Links

Das Buch enthält Links zu externen Webseiten Dritter, auf deren Inhalt der Autor keinen Einfluss hat. Deshalb kann für die Inhalte externer Inhalte keine Gewähr übernommen werden. Für die Inhalte der verlinkten Webseiten ist der jeweilige Anbieter oder Betreiber der Webseite verantwortlich. Die verlinkten Seiten wurden zum Zeitpunkt der Verlinkung auf mögliche Rechtsverstöße überprüft. Rechtswidrige Inhalte waren zum Zeitpunkt der Verlinkung nicht erkennbar. Eine permanente inhaltliche Kontrolle der verlinkten Webseiten ist jedoch ohne konkrete Anhaltspunkte einer Rechtsverletzung nicht zumutbar. Bei Bekanntwerden von Rechtsverletzungen werden derartige Links umgehend entfernt.